Erwin Grochla
Hans Rolf Schackert

Datenschutz im Betrieb

Erwin Grochla
Hans Rolf Schackert

Datenschutz im Betrieb

Organisation und Wirtschaftlichkeitsaspekte

Mit 19 Bildern

Friedr. Vieweg & Sohn   Braunschweig/Wiesbaden

Die vorliegende Publikation wurde im Rahmen des Projektes WIDA (Wirtschaftlichkeit der Datensicherung und des Datenschutzes) vom Betriebswirtschaftlichen Institut für Organisation und Automation an der Universität zu Köln (BIFOA) erstellt. Die diesem Projekt zugrundeliegenden Arbeiten wurden mit Mitteln des Bundesministers für Forschung und Technologie gefördert.

CIP-Kurztitelaufnahme der Deutschen Bibliothek

Grochla, Erwin:
Datenschutz im Betrieb: Organisation u.
Wirtschaftlichkeitsaspekte / Erwin Grochla; Hans
Rolf Schackert. — Braunschweig; Wiesbaden:
Vieweg, 1982.

NE: Schackert, Hans Rolf:

ISBN 978-3-322-92855-9   ISBN 978-3-322-92854-2 (eBook)
DOI 10.1007/978-3-322-92854-2

V o r w o r t

Fragen des Datenschutzes und der Datensicherheit werden seit
einiger Zeit in allen Industriestaaten diskutiert. Das wachsende Interesse an diesen Fragen ist u.a. darauf zurückzuführen,
daß automatische Datenverarbeitungsanlagen (ADVA) nicht nur
bei der routinemäßigen Abwicklung von Abrechnungsaufgaben eingesetzt werden, sondern in zunehmendem Maße auch in interakti-
ven Auskunfts- und Überwachungssystemen zur Anwendung gelangen,
in denen die Abfragefolgen sowie die jeweils einbezogenen oder
kombinierten Daten vom Benutzer bestimmt werden können und daher nicht ohne weiteres vorhersagbar sind. Diese Erweiterung
und Verlagerung des Anwendungsbereichs der automatisierten Datenverarbeitung beinhaltet eine qualitativ neue Entwicklungs-
stufe des ADVA-Einsatzes und erfordert zwangsläufig eine Anpassung des Umfeldes, in dem die Verarbeitung stattfindet. In
diesem Zusammenhang kommt den vom Gesetzgeber erlassenen Vorschriften zum Datenschutz und zur Datensicherung eine besondere Bedeutung zu.

Für die Anwender automatischer Datenverarbeitungsanlagen stellt
sich hierbei insbesondere die frage, wie die jeweils geforderten und erforderlichen Maßnahmen organisatorisch realisiert
werden sollen, wie die entsprechenden Lösungen in die betriebliche Aufbau- und Ablauforganisation integriert werden können
und in welcher Weise die Auswirkungen alternativer Maßnahmen
auf die betriebliche Effizienz zu beurteilen sind.

In der vorliegenden Arbeit werden Instrumentarien und Methoden
vorgestellt, die es dem Praktiker ermöglichen, die genannten
Fragenkomplexe zu handhaben und zu beantworten. Bei der Entwicklung dieser Instrumentarien und Methoden wurde nicht von
den im Bundesdatenschutzgesetz (BDSG) kodifizierten Regeln ausgegangen. Den Ausgangspunkt bildeten vielmehr die betrieblichen

Abläufe sowie die allgemeinen Sicherheitsgedanken, die dem
BDSG zugrunde liegen. Dementsprechend gehen die entwickelten
Instrumentarien und Methoden über die vergleichsweise engen
Forderungen des BDSG hinaus. Sie erlauben nämlich nicht nur
die Beurteilung und Integration von Maßnahmen, die aufgrund
des BDSG erforderlich sind, sondern darüber hinaus auch die
Beurteilung und Integration weitergehender Maßnahmen, die aufgrund innerbetrieblicher Sicherungserfordernisse als zweckmäßig erbracht werden.

Grundlage der vorliegenden Arbeit war ein Forschungsprojekt,
das am Betriebswirtschaftlichen Institut für Organisation und
Automation an der Universität zu Köln (BIFOA) durchgeführt
und mit Mitteln des Bundesministers für Forschung und Technologie gefördert wurde. Unser Dank gilt den Mitarbeitern in
diesem Projekt, den Herren Dipl.-Kfm. Hans Gürth, Dipl.-Kfm.
Michael Reicherts, Dipl.-Kfm. Wolfgang Voßhall, cand.rer.pol.
Ulrich Klein, cand.rer.pol. Heinz Sommer und cand.phil.
Alexander Ulpe. Besonders zu danken ist auch Herrn Dipl.-Kfm.
Hans-Joachim Homberger für wertvolle Vorarbeiten auf diesem Ge-
biet. Für seine empirische Erhebung über die Angebotssituation
bei Datenschutz- und Datensicherungsmaßnahmen danken wir Herrn
Dr.rer.pol. Hans-Erich Roden. Für das mühevolle Schreiben des
Manuskripts bis zur endlich druckfertigen Version möchten wir
uns bei Frau Margret Balter und Frau Helga Oehmke herzlich
bedanken.

Erwin Grochla   Hans Rolf Schackert

- 1 -

Einleitung

Die Diskussion von Fragen des Datenschutzes und der Datensicherung hat bereits eine gewisse Tradition. Ausgehend von
moralischen und ethischen Grundsätzen beschäftigte sich diese
Diskussion mit den technischen Möglichkeiten der Verfügbarkeit und Kombinierbarkeit von Daten sowie mit den Alternativen
und Formen der juristischen Kodifizierung von Vorschriften
zum Datenschutz bis hin zu Fragen der praktischen Durchführung
geeigneter Schutzmaßnahmen.

Nachdem in verschiedenen Staaten Datenschutzgesetze verabschie-
det worden sind (in der Bundesrepublik Deutschland das BDSG),
konzentriert sich die gegenwärtige Diskussion sehr stark auf
den Fragenkomplex "Durchführung des Datenschutzes". Im Mittelpunkt steht dabei die Frage, in welcher Weise und in welchem
Ausmaß die unterschiedlichen Maßnahmen des Datenschutzes und
der Datensicherung einen Einfluß auf die Wirtschaftlichkeit
der betrieblichen Datenverarbeitung und darüber hinaus auf die
Wirtschaftlichkeit des gesamten betrieblichen Geschehens ausüben. Das wachsende Interesse an diesen Fragen ist darauf zurückzuführen, daß die Vorschriften des BDSG den Unternehmungen
einen Handlungsspielraum für die Ausgestaltung entsprechender
Maßnahmen einräumen. Gesetzliche Grundlage hierfür ist § 6
BDSG, wonach Maßnahmen nur dann erforderlich sind, "wenn ihr
Aufwand in einem angemessenen Verhältnis zu dem angestrebten
Schutzzweck steht". Dies besagt, daß Maßnahmen unter Berücksichtigung der jeweils unternehmungsindividuellen Gegebenheiten zu bewerten und auszuwählen sind.

Für die vorliegende Arbeit ergibt sich hieraus die Zielsetzung,
die Entscheidungsträger im Bereich des Datenschutzes und der
Datensicherung in die Lage zu versetzen (bei entsprechender

Unterstützung durch Spezialisten), die verfügbaren Alternativen gewichten und Entscheidungen treffen zu können, die der Bedeutung des Datenschutzes und der Datensicherung für die jeweilige Unternehmung gerecht werden. Dabei wird bewußt kein Bezug genommen auf die derzeitige engere Problemstellung des BDSG, die bereits in zahlreichen einschlägigen Veröffentlichungen abgehandelt worden ist. Im Vordergrund steht vielmehr die ganz allgemeine Fragestellung, wie und wo Daten am systematischsten und zweckmäßigsten geschützt werden können. Auf diese Weise wird ein verlässlicher Standpunkt zur Beurteilung von Sicherungsnotwendigkeiten und -maßnahmen gefunden, der nicht nur die Auflagen des BDSG erfüllt, sondern darüber hinaus auch beliebigen Fortschreibungen des Gesetzes und nicht zuletzt bestimmten Eigeninteressen Rechnung trägt.

Vor diesem Hintergrund wird zunächst eine Systematisierung der Gefährdungsbereiche der Datenverarbeitung vorgestellt, wobei die für den Datenschutz und die Datensicherung relevanten organisatorischen Größen explizit mit einbezogen werden. Dies bedeutet, daß neben der eingesetzten Datenverarbeitungstechnologie auch die Datenverarbeitungsorganisaiton, die Organisationsform der Datenbestände und die räumlichen Verhältnisse als Bestimmungsfaktoren betrachtet werden.

Den zweiten Schwerpunkt der vorliegenden Arbeit bildet ein Maßnahmenkatalog. Für die Ausarbeitung dieses Kataloges boten sich zwei Möglichkeiten an: entweder die Maßnahmengliederung der Anlage zu § 6 BDSG zugrundezulegen oder aber eine praxisorientierte Systematik zu erstellen. Die zweite Möglichkeit wurde bevorzugt, indem eine logisch schlüssige Alternativgliederung erarbeitet wurde. Ausschlaggebend hierfür war vor allem der Umstand, daß durch einzelne Maßnahmen meist mehrere Kontrollanforderungen des Gesetzes abgedeckt werden. Eine An-

lehnung an die Kontrollfunktion hätte dementsprechend eine
hohe textliche Redundanz zur Folge gehabt, wodurch die Lesbarkeit des Textes erheblich beeinträchtigt worden wäre. Der vorgestellte Maßnahmenkatalog weist den Vorteil auf, daß er sich
an Kriterien orientiert, die dem Organisationspraktiker geläu-
fig sind. Außerdem werden die verschiedenen Risikofaktoren
(Mensch, Datenträger, Geräte etc.) bereits vom Gliederungsan-
satz her berücksichtigt.

Innerhalb des Maßnahmenkatalogs zeigen die <u>allgemein-betrieb-
lichen Maßnahmen</u> zunächst den direkt aus dem BDSG ableitbaren
Rahmen auf. Neben den obligatorischen Maßnahmen[1] wird dabei
auch das Potential zusätzlicher Maßnahmen aufgedeckt. Außerdem werden allgemeine Organisationshinweise gegeben, die sich
u.a. auf organisatorische Grundprinzipien und Gestaltungshin-
weise beziehen.

Die abteilungsbezogenen Maßnahmen werden jeweils gesondert
nach Fachabteilungen und DV-Abteilungen differenziert behandelt. Auf diese Weise wird dem BDSG insofern Rechnung getragen, als die Verantwortlichkeit für die Richtigkeit der Daten
und ihrer Verarbeitung abteilungsbezogen sein kann. Weiterhin
wird damit ausdrücklich hervorgehoben, daß die Fachabteilungen
auch dann die Verantwortung für die Datenbestände haben, wenn
diese Datenbestände sich im Rechenzentrum befinden.

In der weiteren Untergliederung des Maßnahmenkatalogs wird
versucht - soweit dies möglich ist -, die organisatorische
Grundkonstellation des jeweiligen Bereiches zu berücksichti-

---

1) Hierzu zählen alle im BDSG explizit geforderten Maßnahmen
   wie Bestellung eines Datenschutzbeauftragten, Benachrichti-
   gungspflicht etc.

gen, wobei allgemeine organisatorische Vorkehrungen und Regelungen ebenso mit einbezogen werden wie abteilungsbezogene
ablaufspezifische Maßnahmen.

Der Mensch muß in weiten Bereichen des Datenschutzes als ein
bedeutsamer "Risikofaktor" gesehen werden. Besonderer Wert
wurde deshalb auf diejenigen Maßnahmen gelegt, die in dieser
Hinsicht primär einen präventiven Charakter haben und erst
in zweiter Linie dazu dienen, Identifizierungen und Sanktionen
nach bekannt gewordenen Verfehlungen durchzuführen. In diesem
Zusammenhang wird auch deutlich, daß allgemeine personalpoli-
tische Maßnahmen den Charakter von Datenschutzmaßnahmen haben
können.

Das in dieser Arbeit vorgestellte Gliederungsschema ermöglicht
eine Orientierung an bekannten organisatorischen Elementen.
Damit wird der Problembereich "Datenschutz und Datensicherung"
nicht nur transparenter gemacht, sondern auch aus einer zu
engen Sichtweise herausgelöst.

Um Aussagen über die wirtschaftlichen Konsequenzen der Maßnahmen machen zu können, muß das gesamte Wirkungsspektrum
der gewählten oder zur Diskussion stehenden Maßnahmen aufgezeigt und systematisch aufbereitet werden. Diese Zielsetzung
steht im Mittelpunkt des letzten Kapitels, in dem ein Maßnahme-
Wirkungs-Spektrum in Form einer Matrix entwickelt wird. In
dieser Matrix werden schwer operationalisierbare und damit
kaum quantifizierbare Faktoren neben direkt monetär bewert-
bare organisatorische Größen gestellt, damit die möglichen
Auswirkungen in ihrer vollen Spannbreite und Vielschichtig-
keit sichtbar werden. Um die Problematik der Erfassung und
Bewertung nicht unmittelbar quantifizierbarer Größen zu ent-
schärfen, wurden qualitative Bewertungsgrößen herangezogen

und auf der Basis der Nutzwert-Analyse modellmäßig integriert. Die Auswahl der einzelnen Wirkfaktoren erfolgte dabei so, daß sie das gesamte potentielle Wirkspektrum abbil-
den. Neben der sachlichen war dabei auch die zeitliche Wirkung (d.h. Zeitpunkt und Zeitdauer) zu erfassen, da nur so
die Dynamik einer Maßnahmenwirkung aufgezeigt werden kann;
d.h. neben der Einmalwirkung zum Zeitpunkt der Implementierung ist auch die Langzeitwirkung der Faktoren im laufenden System zu beachten.

Der Aufbau der vorliegenden Arbeit soll allen Personen, die
an Fragen des Datenschutzes und der Datensicherung interes-
siert sind, einen fundierten Zugang zu dieser Problematik
und eine zuverlässige Entscheidungsgrundlage ermöglichen.
Dabei ist es das erklärte Ziel der Ausführungen, die betriebswirtschaftlichen Aspekte und Vorgehensweisen darzustellen,
also nicht eine zusätzliche Arbeit über die Möglichkeiten
der konkreten Ausfüllung der derzeitigen juristischen Rahmen-
vorschläge anzubieten.

Dies bedeutet, daß die behandelten Probleme, Lösungsmethoden,
Maßnahmen und Bewertungen einen allgemeingültigen Charakter
haben, also z.B. auch für Sicherungsfragen gelten, die (noch)
nicht aufgrund des BDSG, sondern aus Eigeninteresse (z.B.
Forschung, Patente) als wichtig erachtet werden.

A. Die betriebliche Datenverarbeitung als Objekt von Daten-
   schutz- und Datensicherungsmaßnahmen

Unterpunkte dieses Kapitels:

1. Grundstufen des Datenschutzes
2. Ansatzpunkte für die Installierung von Datenschutz- und
   -sicherungsmaßnahmen
3. Bestimmungsgrößen für den Aufbau eines Sicherungssystems

Der Ausgangspunkt aller Bestrebungen, die Datenverarbeitung
gegen mißbräuchliche Eingriffe abzusichern, ist der Schutz
der Privatsphäre des Individuums und das Eigentumsrecht an
den Daten. Ersteres ist ein zentrales Argument in der aktuellen Diskussion um den Datenschutz, während letzteres ein
sehr altes Argument ist, das sich in Geheimhaltungen und
dergl. oder als Eigeninteresse äußert. Diese Zielsetzungen
sind jedoch sehr vage und das BDSG läßt - notgedrungen -
einen großen Spielraum für Ermessensentscheidungen. Beide
Zielsetzungen überschneiden sich großenteils, so daß durch
das BDSG eher eine Ergänzung und Akzentverlagerung als eine
Neuformulierung von Zielsetzungen vorgenommen wurde.

Die allgemeinen Grundlagen der Sicherung von Daten gegen
Mißbrauch sollen im folgenden verständlich gemacht werden.

1. Grundstufen des Datenschutzes

   **Die Vorschriften des Bundes-Datenschutzgesetzes (BDSG) gel-
   ten grundsätzlich für alle Datenverarbeitungsprozesse, in
   denen personenbezogene Daten verarbeitet werden.**

Dieser Abschnitt behandelt die Punkte

1.1. Der technologische Einfluß
1.2. Die Fortschreibung des Modells

Das Gesetz gibt Auskunft über den Begriff der personenbezogenen Daten; die gesetzliche Datenverarbeitungs-Definition verlangt jedoch nach einer Übertragung auf ein praxisorientiertes Modell, in dem der 'Status-quo' eines konkreten betrieblichen Datenverarbeitungssystems dargestellt und wiedergefunden werden kann. Entsprechende Modelle der Datenverarbeitung orientierten sich in der Vergangenheit in erster Linie an den Hardware-Komponenten, den Phasen der Datenverarbeitung und den durch sie ermöglichten Datenverarbeitungsverfahren.

<u>Das verbreitetste Modell</u> ist bei Beachtung des Gesamtprozesses der Datenverarbeitung an den Phasen orientiert und gliedert sich in die Teilprozesse der

- Eingabe
- Verarbeitung und
- Ausgabe

von Daten (bekannt als E-V-A-Prinzip).

1.1. Der technologische Einfluß

Die Veränderung der Technologien erzwingt eine laufende Differenzierung und Anpassung des oben skizzierten Modells. Erschienen die Teilprozesse der Verarbeitung in der Vergangenheit getrennt - und in der Regel waren sie es lange Zeit auch -, so erfolgt in der konkreten Ausprägung moderner Datenverarbeitungssysteme häufig ein fließendes Ineinanderlaufen von Teilprozessen.

Hier soll jedoch weniger auf das damit verbundene Phänomen der technischen Integration als vielmehr auf die mit Direkt-Datenverarbeitung verbundene veränderte Qualität der jeweiligen Datenverarbeitungsprozesse hingewiesen werden. So gilt etwa, daß bei dialogorientierter Verarbeitung am Bildschirm Daten, die eingegeben sind, direkt verarbeitet und in Ergebnisdaten überführt werden. Ist ein Programmablauf erst einmal initiiert, so sind Interventionen, z.B. um eine Ausgabe oder Verarbeitung zu verhindern, oft überhaupt nicht mehr möglich, es sei denn, daß das System selbst entsprechende Unterbrechungen programmtechnisch vorsieht.

Zur Verdeutlichung sei auf die Gegenüberstellung beispielsweise eines lochkartenorientierten Datenverarbeitungssystems und eines bildschirmorientierten Dialogsystems verwiesen.

Sind nach der Datenerfassung im herkömmlichen Fall etwa noch mehrere manuelle Arbeitsstufen zu erledigen (Lochkarten-Transport, Kontrolle vor dem oder beim Einlesen), bedeutet die Aktivierung des Dialogverkehrs nunmehr zugleich auch die Aktivierung des Verarbeitungsablaufs.

1.2. Die Fortschreibung des Modells

Das BDSG setzt über das gesamte Modell der personenbezogenen Datenverarbeitung den Imperativ der Kontrolle.

Die veränderte Qualität der Datenverarbeitung mit ihrem ungleich größeren Gefährdungspotential machte ein Einschreiten des Gesetzgebers unumgänglich, da ein Selbst-Regulativ der DV-Anwender nicht in Sicht war.

Dabei handelt es sich weder um eine Kontrolle der Datenverarbeitungsverfahren noch um eine Kontrolle über die eingesetzte Technologie. Vielmehr geht es um die Gewährleistung der permanenten Kontrolle einer "rechtmäßigen Daten-Verarbeitung". Hierdurch werden die einzelnen Teilprozesse wieder betont und zwar in einem gleichrangigen Nebeneinander. Der Gesetzgeber unterwirft die Datenverarbeitung personenbezogener Daten gesetzlichen Normen, die gewährleisten sollen, daß

(1) Daten nur dann in ein datenverarbeitendes System einfließen, wenn die Verarbeitung als zulässig erkannt wird;

(2) die Identität eines Datums während seines "Lebenszyklus" gewahrt bleibt, und/oder

(3) Veränderungen dieses Datums einer erneuten Zulässigkeitsprüfung unterzogen werden;

(4) das Ausgliedern des Datums aus dem Verarbeitungsprozeß - Vernichtung wie Übermittlung - zulässig ist bzw. so erfolgt, daß ein Übergang zu einer anderen die Verantwortung tragenden Stelle gesichert ist.

1.2.1. Zulässigkeitsprüfung der Eingabe

Aus dieser Aufzählung wird ersichtlich, welche Bedeutung
insbesondere der Zulässigkeitsprüfung im Vorfeld der Verarbeitung zukommt. Dort wird entschieden, ob ein Datum nach
seiner Entstehung überhaupt in den Datenverarbeitungsprozeß
einfließen darf. (Vrgl. Abb. 1)

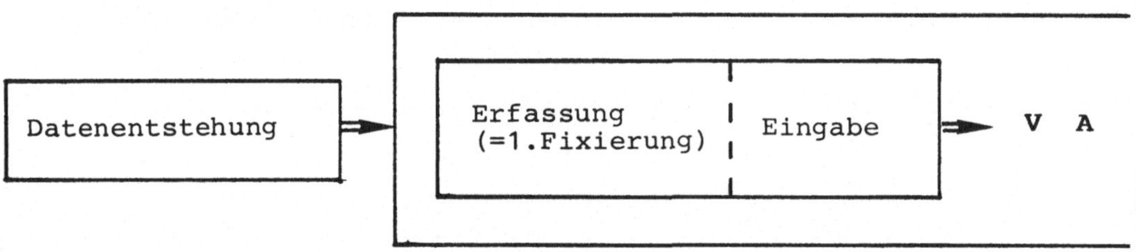

Abb. 1: Vorfeld der Datenverarbeitung

Dafür gelten im BDSG die Generalklausel des § 3 sowie eine
Reihe von Spezialregelungen in den einzelnen Abschnitten. Soweit keine spezialgesetzlichen Regelungen vorhanden sind
- hierzu gehören auch die Überlegungen zur Entwicklung eines
"Eigentumrechts am eigenen Datum" - und ein Betroffener auch
nicht eingewilligt hat, daß "sein Datum" verarbeitet wird,
gelangen die Vorschriften des BDSG zur Anwendung.

Die darin fixierten Regelungen dokumentieren die vom Gesetz
angesetzte gegenseitige Respektierung der als konträr anzuse-
henden Interessen von Betroffenen und datenverarbeitender
Stelle.

Die Vermittlung dieser Interessen geschieht zunächst durch ein vertragliches oder vertragsähnliches Vertrauensverhältnis zwischen beiden Parteien, wobei die Daten anschließend - und hierauf sei an dieser Stelle noch einmal besonders verwiesen - nur entsprechend ihrer Zweckbestimmung verarbeitet werden dürfen.

Durch die enge Verknüpfung von Speicherungs- und Verarbeitungsprozeß wird zugleich die Bindung der Speicherung eines Datums an den Zweck der Verarbeitung deutlich[*]. Eine Speicherung über die zulässige Verarbeitung hinaus - d.h. z.B. zum Zwecke weiterer, eventuell sich ergebender neuer Verarbeitungsmöglichkeiten - ist nur dann zulässig, wenn auch sie in den Vertragsverhältnissen direkt angesprochen worden ist.

Ist diese Zulässigkeitsklausel <u>nicht anwendbar</u> - und zwar sowohl für die Verarbeitung wie für die darüberhinausgehende Speicherung -, so ist der Interessenausgleich durch eine Sonderprüfung herbeizuführen, in die die gegenseitigen - und z.T. nur zu vermutenden Interessen - einzubringen sind.

Diese Sonderprüfung hat für den konkreten DV-Anwendungsfall nicht unerhebliche Konsequenzen. Für den Fall, daß sich eine datenverarbeitende Stelle in den Prozeß der Abwägung der

    - berechtigten Interessen der speichernden Stelle und der

    - schutzwürdigen Belange des Betroffenen

---

[*] Um die Schlüssigkeit der Argumentation prüfbar zu halten, sei darauf hingewiesen, daß ein Datum i.S. des BDSG dann als 'gespeichert' gilt, wenn es "zur weiteren Verwendung bestimmt" ist.

begeben muß, wird eine Gewichtung problematisch. Dies begründet sich in den unterschiedlichen Interessenlagen. Stehen auf der Seite der datenverarbeitenden Stelle vornehmlich wirtschaftliche Interessen, sind auf der Seite des Betroffenen persönliche Belange ausschlaggebend.

In der Frage der Gewichtung macht das Gesetz eine Aussage dahingehend, daß neben dem berechtigten Interesse der datenverarbeitenden Stelle kein Grund zur Annahme bestehen darf, daß schutzwürdige Belange des Betroffenen beeinträchtigt werden.

Hierdurch wird die datenverarbeitende Stelle quasi gezwungen, einen eigenen Datenverarbeitungs-Kodex zu entwickeln, an dem sich die Entscheidung orientieren kann. Grundsätzlich muß eine Entscheidung darüber gefällt werden, ob

- entweder eine Beeinträchtigung schutzwürdiger Belange solange nicht anzunehmen ist, wie nichts anderes bekannt ist,

- oder   Datenverarbeitung erst dann durchzuführen ist, wenn definitiv angenommen werden kann, daß die Belange des Betroffenen nicht beeinträchtigt werden.

Bei einer derartigen Betrachtung wird es unumgänglich, das zu verarbeitende Datum und seinen ursprünglichen Speicherungszweck zu berücksichtigen. Dies hat für die Datenverarbeitungssituation die Konsequenz, daß Datum und Zweck der Speicherung untrennbar miteinander verbunden bleiben, d.h. etwa, daß Daten eines Zweckes zusammenzufassen sind. Dieser Gedanke ist im Prinzip nicht neu, findet er doch in der konventionellen Dateiorientierung der Datenverarbeitung seinen Niederschlag.

In einem weiteren Schritt sollte es jedoch möglich sein, aus bekannten Zwecken Kriterien dafür abzuleiten, inwieweit artikulierte oder vermutete Belange des Betroffenen berührt werden.

Im Fall einer neuerlichen Verarbeitung ist demnach ein Entscheidungsprozeß zu durchlaufen, der folgende Phasen beinhaltet:

(1) Festlegung des Zwecks der neuen Verarbeitung,

(2) Analyse der zur Verarbeitung heranzuziehenden Daten bezüglich deren "Zweck-Konsistenz",

(3) Prüfung der beiden Zweck-Kategorien auf Identität bzw. Vereinbarkeit,

(4) Entscheidung über DV-Durchführung.

Dabei kommt erst in Phase (4) die Grundsatzentscheidung zum Tragen, inwieweit die Belange des Betroffenen bei Nicht-Identität der Kriterien Sperr-Qualität für den Datenverarbeitungsprozeß haben, d.h., daß das Datum in diesem Sinn nicht verarbeitet werden darf.

1.2.2 Kontrolle der Identität

Ein Datum darf keine Änderung erfahren - es sei denn, daß ein neues Datum zum Zweck der Änderung eines gespeicherten Datums (Änderungsdatum) berechtigt eingegeben wird.

Die Berechtigungsüberprüfung der Eingabe von Daten ist grund-

legend und von besonderer Bedeutung. Alle weiteren Überprüfungen beziehen sich nur auf solche Daten, die bereits eingegeben und gespeichert sind. Für diese Daten ist die Kontrolle der Aufrechterhaltung der Identität während jeder
Verarbeitung unerläßlich.

Die grundsätzliche Forderung nach Aufrechterhaltung der
Identität eines gespeicherten Datums wird auch dadurch unterstützt, daß dem Betroffenen unterschiedliche Rechte zu-
gestanden werden, in deren Ausübung Kontrollen über die datenverarbeitende Stelle wahrgenommen werden.

Der Gesetzgeber unterscheidet in diesem Zusammenhang
die Wahrheitszustände
     "faktisch richtig",
     "faktisch unrichtig",
     "bestritten",
die jeweils zu anderen Rechtsfolgen führen.

Unterliegen die beiden ersten Zustände der direkten Beweis-
barkeit, kommt es beim dritten zu unterschiedlichen Auffas-
sungen zwischen speichernder Stelle und Betroffenem. Läßt
sich hier keine Einigung erzielen, ist das Datum zu sperren
und entzieht sich somit auch dem laufenden Datenverarbeitungsprozeß, ähnlich wie ein gelöschtes Datum.

Hierdurch wird erreicht, daß nur als "faktisch richtig" ein-
gestufte Daten in den Verarbeitungsprozeß eingehen. Durch
die Bindung von Verarbeitungszweck und Datum aneinander
können berechtigte Änderungen von Daten nur "faktisch richtig" vorgenommen werden, oder die Identität der Daten bleibt
unverändert.

1.2.3 Die Berechtigungsprüfung der Datenübermittlung

Einmal berechtigt eingegebene Daten verlassen das Datenverarbeitungssystem durch Löschung oder Übertragung an andere
Datenverarbeitungssysteme. Falsche oder unberechtigt gespeicherte Daten sind gesetzmäßig zu löschen. Darüber hinaus unterliegt die Löschung den selben datenschutzrechtlichen
Grundsätzen wie alle anderen Datenverarbeitungsschritte. Allerdings ist die Löschung in der Regel unproblematisch. Nur
wenn wie etwa bei der selektiven Löschung nur positiver oder
negativer Daten einer Person eine Interessenschädigung erfolgt, zeigt diese Bindung ihre Wirkung.

Eine besondere Problematik stellt jedoch die Übermittlung
oder die Verarbeitung übermittelter Daten dar. Die Übermittlung unterliegt einem Prozeß der Interessenabwägung, ähnlich
dem der Prüfung auf Zulässigkeit der Datenverarbeitung. Auch
hier gilt etwa die Zweckbestimmung eines Vertragsverhältnis-
ses als Erlaubnistatbestand, allerdings mit der nicht unwe-
sentlichen Erschwernis für den Übermittler, das berechtigte
Interesse des Datenempfängers einzuschätzen. Ein klarer Verwendungsnachweis wird hier zu fordern sein, mit der zusätzlichen Erklärung, daß darüber hinausgehende Verwendungen
nicht stattfinden.

Ähnliche Schwierigkeiten können beim Datenempfänger auftreten, wenn er im nachhinein beurteilen muß, ob ein Datum für
die beabsichtigte Verarbeitung zuzulassen ist.

Nach Übermittlung ist der Zugang zu Informationen, die Aussagen über den 'Datenkontext' - und erst hierüber über die
Berechtigung zur Speicherung - zulassen, teilweise abge-
schnitten. Ein faktisch richtiges Datum gelangt so möglicher-

weise in einen unzulässigen Datenverarbeitungsprozeß, da
keine Zweckkonformität zwischen 'Verarbeitung nach Übermittlung' und 'Verarbeitung vor Übermittlung' herzustellen, bzw.
abzuleiten ist.

Für den konkreten Übermittlungsfall wird demnach zu prüfen
sein, inwieweit und durch welche zusätzliche Informations-
übermittlung eine "Zweckverbindung" möglich wird.

2. Ansatzpunkte für die Installierung von Datenschutz- und
   -sicherungsmaßnahmen.

Dieser Abschnitt behandelt die Punkte

2.1. Charakterisierung der Gefährdungsbereiche
2.2. Aktivitätenanalyse und Gefährdung in den einzelnen
     Bereichen

Das oben dargestellte "Lebenszyklusmodell" von Daten hebt
deutlich die Sicherungsprobleme und Berechtigungsprüfungen
hervor, die zwischen Datenentstehung und Datenvernichtung
bzw. -übermittlung auftreten. Die konkrete Ausgestaltung
technischer und organisatorischer Maßnahmen zur effektiven
Kontrolle und Durchsetzung der Sicherheitserfordernisse bedarf jedoch einer detaillierteren Betrachtung der Datenverarbeitung.

Eine Gegenüberstellung des 'Lebenszyklus-Modells' und der
Phasen der Datenverarbeitung (E-V-A-Modell) macht deutlich,
daß ungesicherte Verarbeitung nicht möglich sein sollte;
bereits für Teile der Eingabe und der Ausgabe gelten Zu-
lässigkeitsprüfungen (vergl. Abb. 2)

Datenentstehung	Sicherungsbereich	Datenübermittlung Datenvernichtung
E	V	A

Abb. 2: Gegenüberstellung der Modelle

Zur Beantwortung der im BDSG aufgeworfenen Schutz- und Sicherungsprobleme ist somit die Frage zu stellen, welchen planmäßigen Veränderungen, lokalen Bewegungen oder sonstigen Manipulationen diese Daten im Verlauf ihrer Bearbeitung und Speicherung im DV-System unterzogen werden und an welchen Stellen in diesem Ablauf diese Daten sinnvollerweise Sicherungs-, Beschränkungs- und sonstigen Manipulationen unterzogen werden und entsprechende Kontrollmaßnahmen zu installieren sind.

Geht man von den gespeicherten Daten bzw. den unmittelbar aus ihnen gewonnenen Daten oder Übersichten als eigentlichem Objekt aller Sicherungs- und Schutzbemühungen aus, so ergeben sich zunächst drei große Bereiche, in denen Datenbestände gefährdet werden könnten: der Eingabe-, Verarbeitungs- und Ausgabebereich. (Abb. 3)

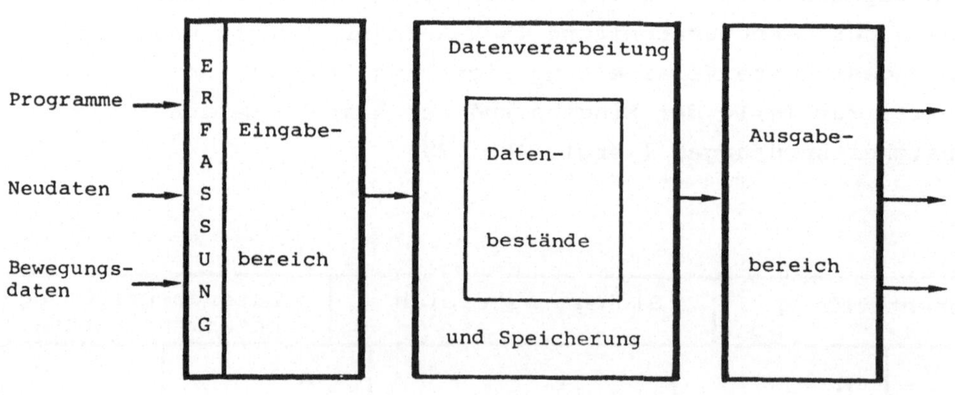

Abb. 3.: Allg. Sicherungsbereiche

2.1. Charakterisierung der Gefährdungsbereiche

Bevor die einzelnen Gefährdungsarten und Schutzobjekte der
Bereiche näher analysiert werden, soll eine kurze Charakterisierung der Gefährdungsbereiche entsprechend des E - V - A
-Modells vorgenommen werden. Dies hat den Vorzug, daß Aktivitäten, die in mehreren Bereichen gleichartig auftreten,
aufgezeigt werden, für eine nähere Untersuchung jedoch nur
einem einzigen Bereich zugewiesen werden können. Der Überblick über die Situation wird so erheblich erleichtert.

2.1.1. Eingabebereich

**Um zu einer Einschätzung des Gefährdungspotentials im
Eingabebereich zu gelangen, sollte zunächst zwischen
Daten und Programmen unterschieden werden.**

Während durch die <u>Erfassung von Neudaten</u> Datenbestände auf-
gebaut bzw. erweitert werden, bewirkt die Eingabe von <u>Bewe-
gungsdaten</u> die substantielle Veränderung bereits abgespei-
cherter Datenbestände.

Programmeingaben sind analog zur Eingabe von Daten zu betrachten. Neben der Entwicklung und Abspeicherung von (neuen) Programmen ist der (kurzfristigen) Änderung bzw. den Änderungs-
möglichkeiten von Programmen und damit von 'Verarbeitungen'
Aufmerksamkeit zu widmen.

2.1.1.1. Erfassung von Daten

Der Erfassungsprozeß ermöglicht die erste umfassende Einsichtnahme in Datenmaterial. Abhängig von den implementierten DV-Verfahren stehen dazu neben den Neudaten möglicherweise - namentlich bei manuellen Datenverarbeitungsprozessen - auch Altdatenbestände zur Verfügung, mit dem Risiko, während des Daten-Änderungsdienstes, diese Bestände unbefugt zu nutzen.

2.1.1.2. Eingabe von Programmen

Als sehr wichtig muß die Risiko-Absicherung gegen Programm-Veränderungen eingestuft werden. Hier soll das Risiko weniger unter dem Gesichtspunkt betrachtet werden, daß fehlerhafte Programme eingesetzt werden - dies ist eine Frage des gründlichen Tests vor der endgültigen Implementierung -, als vielmehr unter dem Aspekt, auch kurzfristige Änderungen von bereits laufenden Programmen zu überwachen.

Neben der Programmeingabe ist das Problemfeld der Programminitiierung zu beachten, da an dieser Stelle Daten und Programme zum Zweck der Verarbeitung zusammengeführt werden. Neben der Überwachung einer Operationsberechtigung für das Programm und der darin zu verarbeitenden Daten ist die termin- und zeitgemäße Ausführung zu gewährleisten.

Manipulationen durch doppelte Verarbeitung, Zwischenverarbeitungen o.ä. kann auf diese Weise ebenso vorgebeugt werden wie dem Umgang mit unautorisiertem Datenmaterial.

2.1.2. Verarbeitungsbereich

Für die Verarbeitung gilt - wie bereits dargelegt - das oberste Prinzip der Verarbeitungsidentität, d.h. Eingabedaten

müssen einer zulässigen Verarbeitungsvorschrift entsprechend
einen vorherbestimmbaren Output erzeugen.

Der maschinelle Verarbeitungsprozeß selbst kann durch unterschiedliche Faktoren unterbrochen werden, die auch als Gefährdung für das Prinzip der Identität angesehen werden müssen. So kann bspw. ein Fehler im Maschinensystem dazu führen, daß die Verarbeitung nicht ordnungsgemäß beendet wird.
Hier ist durch Doppelhaltung der Daten oder durch einen vorgesehenen Wiederanlauf ("Wiederaufsetzpunkt") dafür zu sorgen, daß die Daten wieder in ihren ordnungsgemäßen Zustand
überführt werden. Generell muß es auf dieser verarbeitungs-
technischen Ebene ablaufbegleitende Kontrollen geben, um die
Kontinuität nachhalten und im Fehlerfall Status-Feststel-
lungen treffen zu können. Dabei ist zu beachten, daß ggfls.
hinzugezogenen Spezialisten über die Hilfsmittel der Spei-
cherauszüge (Dumps), Plattenausrucke u. dergl. - auch im
Rahmen der "Ferndiagnose" Einblicke in Datenbestände gewährt
werden können.

2.1.3. Outputbereich

Der Verarbeitung folgt der dritte Bereich, der ganz allgemein als "Verwendung" der erstellten Ergebnisse oder kurz
als "Outputbereich" bezeichnet werden kann. Die Ergebnisse
werden entweder weitergeleitet - transportiert - oder zur
Einsicht bzw. weiteren Verarbeitung am Arbeitsplatz abgelegt
bzw. gespeichert, sofern sie nicht unmittelbar nach Kenntnisnahme vernichtet werden. Dies ist z.B. bei einer Datenan-
zeige durch nachträgliches Überschreiben oder Löschen des
Bildschirms der Fall.

In allen Fällen kommt dem Output derselbe Schutz zu wie den ursprünglich gespeicherten Daten, denn er gilt im Sinne des BDSG als "unmittelbar aus Dateien" gewonnen.

2.1.4. Schlußfolgerungen

Für die später notwendig werdende Beurteilung der Maßnahmenkategorien und auch der Einzelmaßnahmen ist festzustellen, daß diese <u>Dreiteilung der Gefährdungsbereiche</u> grundsätzlich für jede Art der Datenverarbeitung zutrifft. Sie ist insbesondere unabhängig von der Größe der Unternehmung, vom Umfang der Datenverarbeitung und von der Art der technischen Mittel, die zur Bewältigung der Datenverarbeitung eingesetzt werden.

Die Bedeutung für den Bereich der manuellen Datenverarbeitung ist nur dann eingeschränkt, wenn die Daten nicht zur Übermittlung bestimmt sind. In diesem Fall entfällt die Bindung an die in der Anlage zu §6 BDSG enumerierten Vorschriften; es verbleibt der allgemeine Verweis auf "die technischen und organisatorischen Maßnahmen", die notwendig sind, "um die Ausführung der Vorschriften dieses Gesetzes .... zu gewährleisten". In der Zukunft wird sich zeigen müssen, wie weit eine datenverarbeitende Stelle im allgemeinen Bereich der manuellen Datenverarbeitung mit ihren eigenen Vorstellungen dieser Maßnahmen auf Dauer von bereits für die automatische Datenverarbeitung festgelegten Vorschriften abweichen kann. Z.Zt. besteht jedoch keinerlei Konkretisierung der genannten Generalklausel.

2.2. Aktivitätenanalyse und Gefährdung in den einzelnen Bereichen

Dieser Abschnitt enthält die Punkte

2.2.1. Eingabebereich
2.2.2. Verarbeitungsbereich
2.2.3. Ausgabebereich
2.2.4. Zusammenfassung

Die weitere Vorgehensweise ist durch eine Detaillierung des allgemeinen Modells gekennzeichnet. Dabei werden die Unterschiede in der Art der Gefährdung, der technischen und organisatorischen Hilfsmittel sowie der möglichen Sicherungsmaßnahmen herausgearbeitet.

Nach der Darstellung einzelner Bereiche in bezug auf ihre Ausgestaltung und die möglichen Gefährdungen erfolgt im nächsten Abschnitt eine systematische Aufarbeitung der Aussagen in bezug auf wirksame Einflußgrößen. Anliegen dieses Abschnitts ist die Bestimmung von Maßnahmen und ihre Auslegung entsprechend der tatsächlichen Qualität und Umfang der Datenverarbeitung, der Art der Datenorganisation sowie der technischen Ausstattung der Datenverarbeitung.

2.2.1 Eingabebereich

o Inhalt:
    - Personen und Objekte
    - - Personen im Eingabebereich
    - - Materialverwaltung im Eingabebereich
    - - Immaterielle Information im Eingabebereich
    - Teilaktivitäten im Eingabebereich

<u>Der Eingabebereich ist durch manuelle Tätigkeiten gekenn-
zeichnet, die die Datenübernahme auf maschinelle Verfahren
vorbereiten.</u>

In dieser Phase ist mit einem hohen Datenanfall zu rechnen,
der zu erfassen, zu transformieren oder für die Erfassung
vorzubereiten ist. Diese Ausgangslage prägt auch das Gefährdungspotential, das aus der Mengenbewältigung, der notwendig
werdenden Spezialisierung der Funktionen und Personen sowie
der besonderen Schnittstellenproblematik zwischen Mensch und
Maschine resultiert. Betrachtet man den Eingabebereich in
erweiterter Form, so sind außerdem Aktivitäten der Arbeitsvorbereitung, -steuerung und -kontrolle zu berücksichtigen.

2.2.1.1. Personen und Objekte

Der Eingabebereich stellt die Schnittstelle der übrigen Bereiche der Unternehmung zu der Datenverarbeitung dar. Diese
Schnittstelle muß von allen

      P e r s o n e n,

die Aktivitäten im Bereich der Datenverarbeitung ausüben wol-
len und

      O b j e k t e n,

die irgendwelchen Aktivitäten unterworfen werden sollen, pas-
siert werden. (Vergl. Abb. 4)

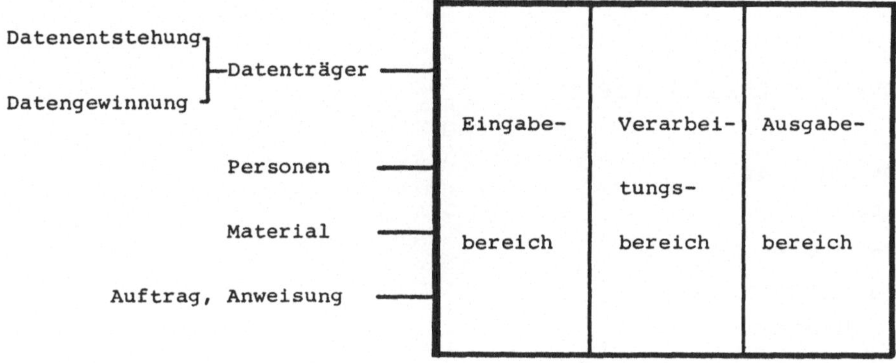

Abb. 4: Schnittstelle Eingabebereich

Neben den Personen verdienen insbesondere Datenträger, Materialien und (immaterielle) Informationen, z.B. Anweisungen, besondere Aufmerksamkeit innerhalb des Eingabebereichs.

2.2.1.1.1. Personen im Eingabebereich

Als Personen kommen zunächst die im Bereich der Daten(Vor-) Verarbeitung Beschäftigten in Betracht. Dies sind vornehmlich Datenerfassungskräfte, sowie nicht im Operating tätige Programmierer. Ferner sind alle Zutrittsberechtigten wie Servicetechniker aber auch Reinigungskräfte, Besucher im Rahmen von Besichtigungen etc., in den Kontrollbereich mit einzubeziehen. Dem Zugang von Personen kommt insofern besondere Bedeutung zu, als ohne eine Annäherung von Personen an die Speicherplätze der Daten bzw. an Geräte, die gespeicherte

Daten abzurufen erlauben, die Gefährdung der Daten bereits
erheblich eingeschränkt ist. Die nachfolgende Aufstellung
gibt einen groben Überblick.

PERSONEN IM BEREICH DER DV

Sachbearbeiter
Operator
Programmierer
Erfassungspersonal
ggf. Schreibkräfte
Servicemechaniker
Softwareunterstützung
Archiv/Ablageverwaltung
Hilfskräfte, z.B. Boten
Handwerker
Reinigungspersonal
Vorgesetzte, ohne unmittelbare Aufgaben in diesem Bereich
ggf. Kundenverkehr
Polizei/Werkschutz/Sicherheitsdienst

Hinzu kommen Personen, deren eigentliche Aufgabe bereits die
Sicherung und Kontrolle der Abläufe und Daten ist:

Datenschutzbeauftragter
Datensicherungsbeauftragter
DV-Revision

Die Aktivitäten reichen dabei von den Aufgaben einer "Arbeitsvorbereitung für den Datenverarbeitungsablauf" bis zum inten-
siven Kontakt mit dem Datenverarbeitungssystem bei Techni-
kern, Operatoren und Programmierern.

Ähnlich unterschiedlich muß auch das Gefährdungspotential gesehen werden. Besteht im Datenerfassungsbereich vornehmlich die Möglichkeit, im unerlaubten Rahmen an Einzelinformation zu gelangen, muß bei Systemanwendern (System-) Programmierern und auch beim Operating mit systematischen Verletzungen gerechnet werden.

2.2.1.1.2. Datenträger im Eingabebereich

Bei den Datenträgern sind

- maschinell lesbare
  (etwa im Bereich des Datenträgeraustausches mit Versicherungsträgern, Banken oder Finanzamt),
- maschinell und personell lesbare Datenträger
  (wie strichcodierte Erfassungsbelege o.ä.) und
- personell lesbare Datenträger

zu unterscheiden.

Eine beispielhafte Zuordnung verschiedener Datenträger zu diesen Kategorien zeigt die folgende Tabelle:

DATENTRÄGER

maschinell lesbare DT

Magnetplatten (Wechsel- und Festplatten)
Magnetbänder
Disketten
Floppy Disks
Magnetbandkassetten
Magnetkarten

maschinell und personell lesbare DT

Klarschrifttexte (z.B. OCR-B)
Lochkarten mit Aufdruck
Markierte Belege (z.B. Strichmarkierung)
Magnetkontokarten

personell lesbare DT

Karteikarten
Tabellen, Belege   sofern nicht maschinell
Fragebögen und dergleichen   lesbare Schrift

Während im Bereich nur maschinell lesbarer Datenträger die Eingabe meist vergleichsweise leicht zu kontrollieren ist, verstärkt sich das Problem bei Lochkarten, strichcodierten oder sonst maschinell lesbar markierten Belegen wesentlich.

Neben der Tatsache, daß einzelne Daten auf "ihrem" Datenträger isoliert werden können (was z.B. zur Veränderung der Anzahl von Lochkarten in einem LK-Satz führen kann), sind die

zur Erstellung derartiger Datenträger angewendeten Verfahren
fehleranfällig; dies einmal durch menschliche Unzulänglich-
keit, zum anderen durch vergleichsweise leichte Manipulier-
barkeit. Datenerfassung und Verarbeitung werden hier i.d.R.
zu sehr als isolierte, eigenständige Prozesse betrachtet;
die Kontrollierbarkeit wird dadurch erschwert.

Auch sind "kleine" Datenträger, wie z.B. Magnetbandkassetten,
nicht in dem Umfang gegen Entfernen oder Einfügen in dem normalen Arbeitsablauf geschützt, wie dies für große Datenträger, etwa Magnetplatten gilt. Daher sollte der Eingangskontrolle, Bestandsverwaltung und Verarbeitung derartiger Datenträger besondere Aufmerksamkeit geschenkt werden.

2.2.1.1.3. Materialverwaltung im Eingabebereich

Auch die Eingangskontrolle von Material sowie dessen Verwaltung verdienen unter Datenschutz- und -sicherungsaspekten
eine genauere Untersuchung. In der Regel wird es sich hierbei um EDV-Material handeln (Datenträger mit/ohne Initiali-
sierung etc.); aber auch das Formularwesen ist mit in die
Betrachtung einzubeziehen.

Sowohl Input als auch Output der EDV sind auf Hard-Copys an-
gewiesen. Manipulationen sind dann erfolgversprechender,
wenn keine gesonderten Formulare verwendet werden. Hier stellen insbesondere nicht mit Verwendungsnachweis - etwa durch
Numerierung - versehene Vordrucke ein Gefahrenpotential dar
(z.B. bei Überweisungs- oder Bescheinigungsformularen).

2.2.1.1.4. Immaterielle Information im Eingabebereich

Indirekte Wirkung auf den Eingabebereich üben die 'immateriellen Informationen' aus. Hierunter fallen insbesondere
Eingabeaktivitäten betreffende telefonische oder schriftliche Anweisungen, etwa zur Aushändigung, Löschung oder Verarbeitung von Daten. Da diese keine direkten Eingaben darstellen, könnte mit Hilfe derartiger Interventionen eine Umgehung sämtlicher sonstiger Kontrollen im Eingabebereich
erzielt werden. Daher ist der Bestätigung Dokumentation und
Abzeichnung (Genehmigung) derartiger Aufträge besondere
Bedeutung zuzumessen. Es muß in jedem Fall gewährleistet
sein, daß der Urheber eines derartigen Auftrages eindeutig
identifiziert ist und für etwaige Folgen verantwortlich
gemacht werden kann.

2.2.1.2. Teilaktivitäten im Eingabebereich

Zwischen dem "Eingang" der oben differenzierten Objekte und
der eigentlichen Verarbeitung der Daten findet eine Reihe
von Aktivitäten statt, die als Eingangskontrolle bzw. Zugangskontrolle bei Personen, Empfangsbestätigung, Prüfung
der Ordnungsmäßigkeit und dgl. bezeichnet werden können
(Abb. 5).

Der Organisationsgrad - d.h. der Umfang und die Art und Weise
der Festlegung oder der schriftlich niedergelegten Verbind-
lichkeit einer Regelung dieser Aktivitäten - dürfte gleichermaßen von der Größe der Datenverarbeitung, der Menge der zu
verarbeitenden Daten und deren Sicherheitsbedürfnis wie von
der Wahl der anzuwendenden Verarbeitungsverfahren abhängen.
Der höchste "Organisationsgrad" wird im Rahmen der automa-

tischen Datenverarbeitung durch die Programmierung erreicht: Jeder Arbeitsgang ist bis ins kleinste determiniert. Neben den entsprechenden Tätigkeiten der Berechtigungsprüfung für die Programmierung und der Kontrolle der Programmierung sind auch die Verfahrensvorschriften im Rahmen der "organisatorischen Programmierung" unerläßlichen Aktivitäten zu unterwerfen: Die Erstellung oder Änderung von Verfahrensvorschriften muß - schon allein wegen der tiefgreifenden Auswirkung auf den gesamten Sicherungsbereich - wie der Eingang eines (besonders wichtigen) immateriellen Objektes behandelt werden.

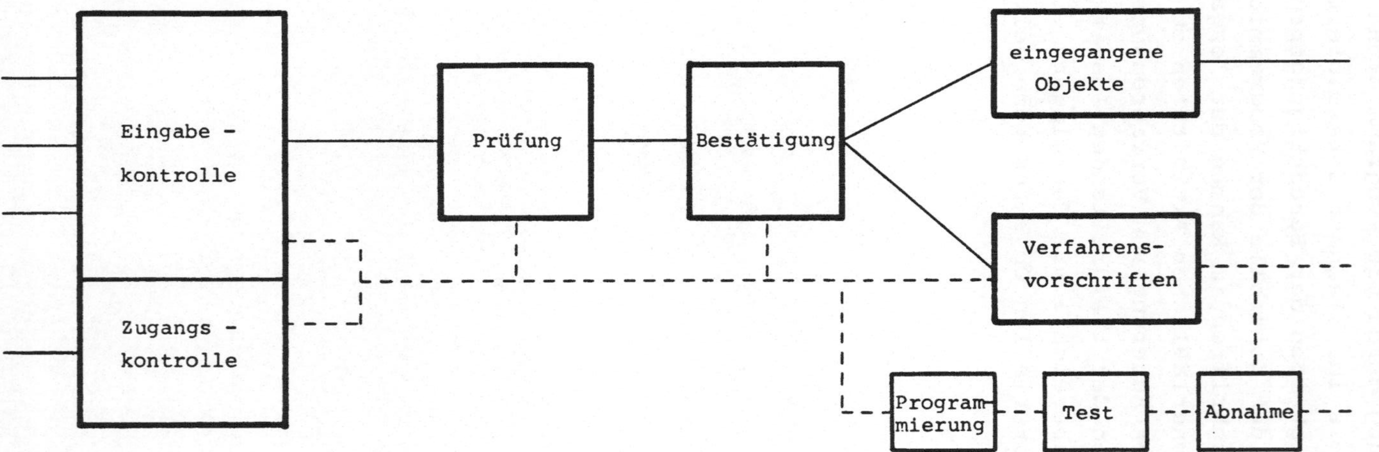

Abb. 5: Eingabekontrolle

Zunächst müssen als erste Teilaktivität die eingehenden Objekte systematisiert und bereitgestellt werden. Dabei kommt es bereits zu einer Reihe von Tätigkeiten, die als Vorverarbeitung zu bezeichnen sind, wie etwa das Aussortieren fehlerhafter Eingänge, Rückfragen bzgl. zweifelhafter Angaben und dergleichen.

Im Rahmen der automatisierten Datenverarbeitung kann hier eine Verarbeitung erfolgen, die auf formaler Ebene zu einem sog. Clean-Input führt, d.h., daß keine Daten, die formale Fehler tragen, in die eigentliche Verarbeitung gelangen. Ein weiterer wichtiger Punkt ist die Umcodierung der eingegangenen Daten. Im Rahmen der automatischen Datenverarbeitung handelt es sich hierbei um Datenerfassung, d.h. die Umsetzung nur personell lesbarer Daten in eine Darstellungsweise, die für die Aufnahme in die automatische Datenverarbeitungsanlage geeignet ist.

Die wichtigste Teilaktivität im Rahmen des Eingabebereiches ist die Verwaltung sämtlicher eingegangener Objekte (vergl. Abb. 6)

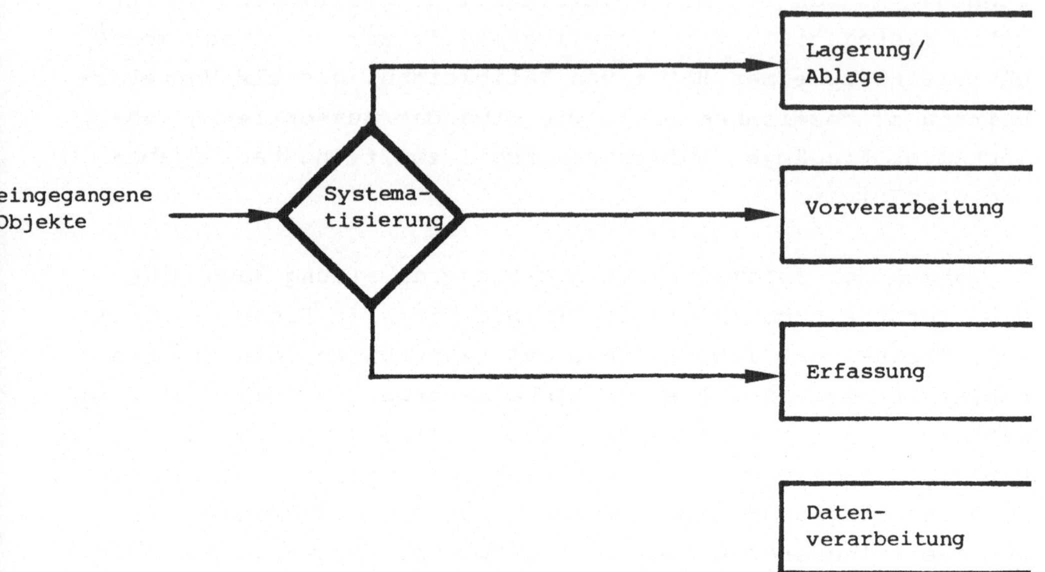

Abb.: 6 Verwaltung der Eingänge

Die Verwaltung ist Grundlage für die systematische und nach-
kontrollierbare Arbeitsvorbereitung und Bereitstellung der
entsprechenden Objekte für die jeweiligen Prozeduren. Diesem
Punkt kommt im Bereich der automatisierten Datenverarbeitung
besondere Bedeutung zu, da hier die letzte Koordination von
Teilaktivitäten vor der unmittelbaren Verarbeitung der Daten
in der ADVA erfolgt (Arbeitsvorbereitung).

Die Arbeitsvorbereitung selbst kann umfangreiche Aktivitäten
umfassen: die Ablaufplanung, die Bereitstellung der Eingabedaten, die Bereitstellung von Materialien, die Bereitstellung
von Datenträgern aus dem Archiv oder entfernteren Datenträger-
speichern, die jeweilige Programmfreigabe, die Zuteilung von
Zeiten, von Terminals, von Passworten und dergleichen sowie
Kontrolle der ADV-Benutzung (vergl. Abb. 7)

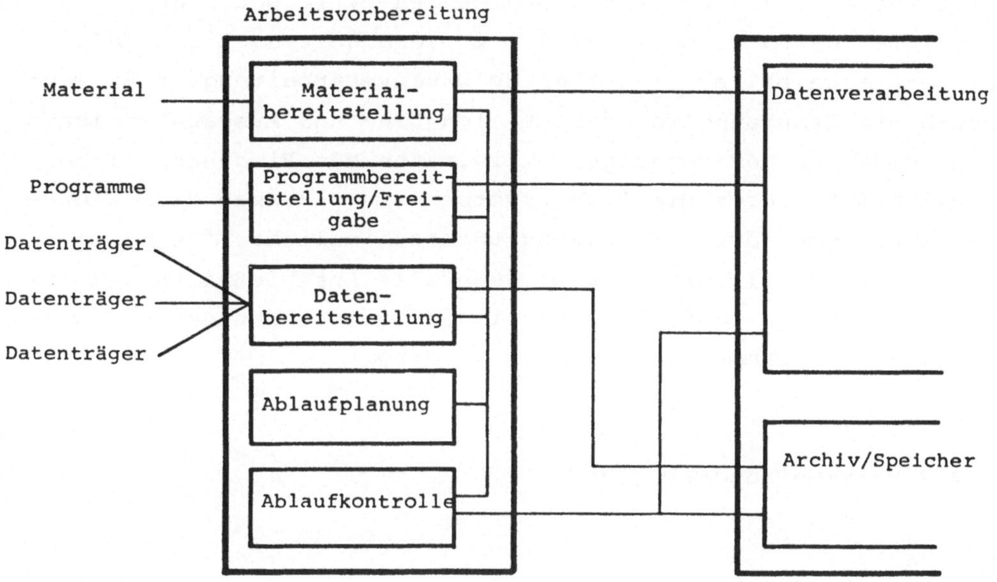

Abb. 7: Arbeitsvorbereitung

Im Rahmen der Arbeitsvorbereitung ist die Ablaufplanung Grundlage für einen reibungslosen Durchsatz der Verarbeitungsobjek-
te; sie stellt die koordinierte Bereitstellung von Material,
Daten und Programmen sicher. Wendet man eine strenge Bindung
der Bereitstellung an die jeweiligen Verarbeitungen an, büßt
man zwar an Flexibilität ein, gleichzeitig aber erhält man
durch die Notwendigkeit von Hilfsaktivitäten - eben der jeweiligen Bereitstellung - eine zusätzliche, wahrnehmbare Kontrolle, die immer dann von Vorteil ist, wenn die Art der je-

weiligen Datenverarbeitung nicht unmittelbar ersichtlich ist.
Dies ist im Bereich der <u>manuellen Datenverarbeitung</u> etwa dann
der Fall, wenn aufgrund mangelnder Arbeitsteilung die Möglichkeit besteht, jederzeit größere Mengen evtl. unterschiedlicher,
sensibler Daten einzusehen oder zu verarbeiten. Diese Gefahr
besteht auch bei automatisierter Datenverarbeitung, z.B. wenn
durch die Benutzung von dezentralen Ein- und Ausgabeterminals
eine Umgehung der sonstigen Aktivitäten des Eingabebereiches
möglich ist. Durch die Arbeitsvorbereitung können hier Sicherungsmaßnahmen durch Zuweisung unterschiedlicher "Terminal-
kompetenz" realisiert werden: generelle Anschlußzeiten, Zeit-
zuweisungen für bestimmte Funktionen, Beschränkungen der verfügbaren Programme und Routinen u. dergl..

2.2.2 Verarbeitungsbereich

o Inhalt:
- Daten am Arbeitsplatz
- Programmnutzung
- Bindung an Verfahren
- Die Aktionsträger

Der zweite große Bereich - der Verarbeitungsbereich - umfaßt
die Datenverarbeitung im engeren Sinne, d.h. die Datenaufnah-
me, -veränderung und -löschung, aber auch Vorgänge, die die
Daten unverändert lassen, wie etwa Sortieren.

Für das wichtige Problem der <u>Erhaltung der Identität</u> einmal
eingegebener Daten ist die Kontrolle der datenverändernden
Aktivitäten von besonderer Bedeutung. Unter Datenschutzge-
sichtspunkten kommt jedoch auch den die Daten nicht verän-
dernden Tätigkeiten eine besondere Bedeutung zu, insbeson-

dere was die Möglichkeit betrifft, Einblick in zu schützende
Datenbestände zu erhalten. Beispiele für derartige Tätigkeiten sind Sortierungen oder Übertragungen von Daten in
andere Felder, auf andere Belege oder auf einen Bildschirm
sowie das Duplizieren von Daten.

Grundlegend für den Prozeß der Datenmanipulation sind dabei
drei Voraussetzungen (vergl. Abb. 8)

- Das Vorhandensein der Ausgangsdaten
- Vorliegende Verfahrensvorschriften (von der Anweisung
  bis zum Computer-Programm)
- Operierende Aktionsträger; d.h. Menschen und DV-Anlagen

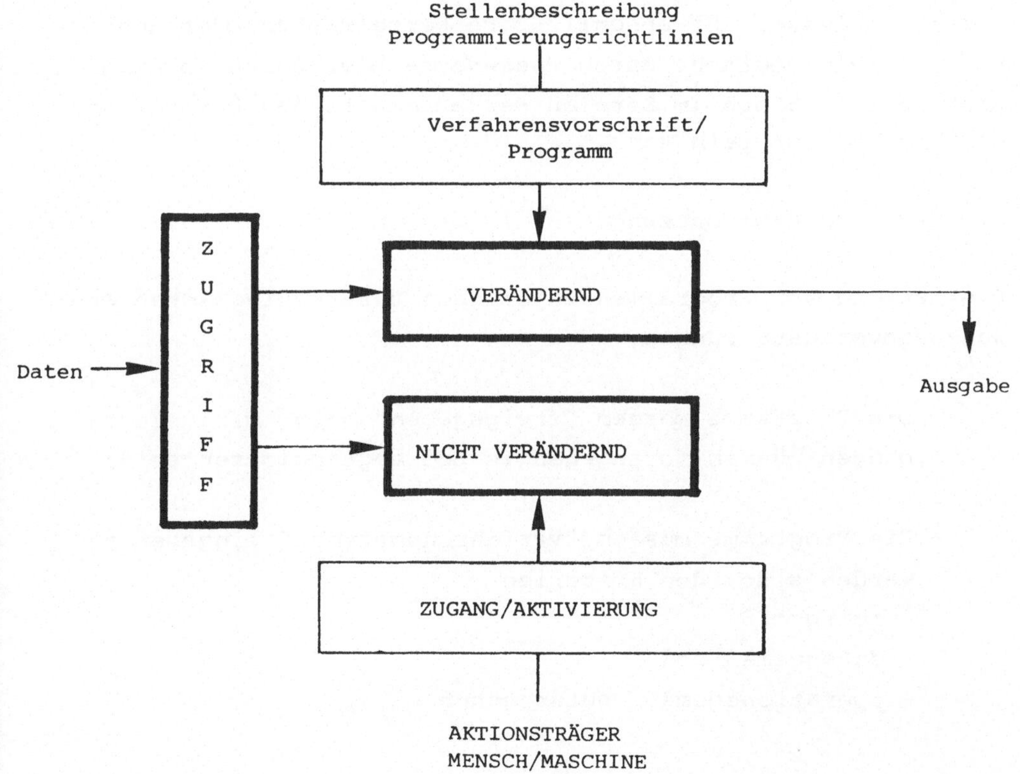

Abb. 8: Datenverarbeitung

Die zur Verarbeitung nötigen Daten müssen weiterhin vor der Verarbeitung entweder durch Transporte an den Verarbeitungsplatz geschafft werden oder sich bereits dort befinden ("Zugriff").

2.2.2.1 Daten am Arbeitsplatz

Obwohl beim Vorhandensein der Daten am Arbeitsplatz i.S. des BDSG davon ausgegangen werden muß, daß dort auch eine 'berechtigte' Bearbeitung erfolgt, sollte trotzdem eine Allgemeinzugänglichkeit der Daten für jeden Sachbearbeiter bzw. Anwender vermieden werden, d.h., eine Zweckgebundenheit vorgesehen sein. Zu deren Gewährleistung dient ein "Verschluß der Daten", dessen Ausprägung sowohl physisch, bspw. durch simple Schlüssel für abschließbare Karteikästen oder Schränke, als auch logisch, durch Pass-Worte oder durch sonstige Sicherungsroutinen im Bereich der automatischen Datenverarbeitung bewirkt sein kann.

2.2.2.2. Programm-Nutzung

Die Nutzung von Programmen unterliegt unterschiedlichen Anwendungsvoraussetzungen:

- Die Programme müssen "freigegeben" sein, d.h., Testphasen müssen vorangegangen und abgeschlossen sein;

- Die Programme müssen "verfahrensgerecht" eingesetzt werden also, den Kriterien
  - zeitgemäß
  - datengemäß und
  - operationsgemäß entsprechen.

Jede Nichteinhaltung dieser Anforderungen führt zu einer Gefährdung der datenschutzgerechten Verarbeitung. Zur Kontrolle
und Durchsetzung dieser Anwendungsvoraussetzungen stehen im
automatisierten und manuellen Bereich der Datenverarbeitung
unterschiedliche Möglichkeiten zur Verfügung.

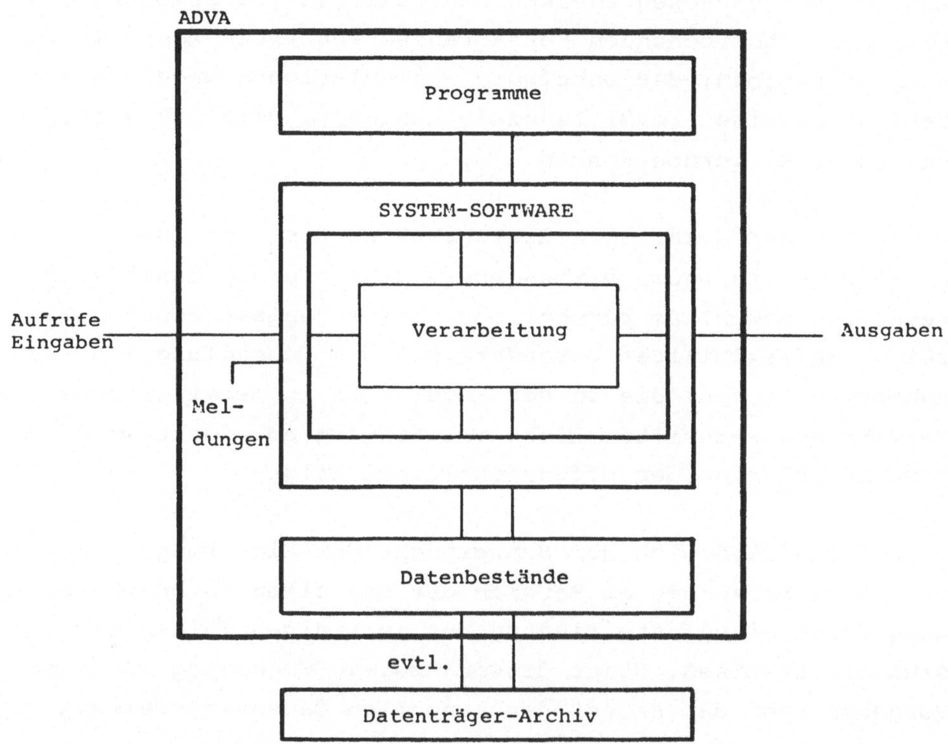

Abb. 9: Komponenten der Verarbeitung

2.2.2.3 Bindung an Verfahren

Der Verarbeitungsbereich der ADV ist durch den programmgesteuerten Ablauf an Verfahrensvorschriften gebunden. Derartig weitgehende Festlegungen lassen sich im Bereich der manuellen Verarbeitung hingegen nur schwer realisieren, und sie sind häufig weder zweckmäßig noch erwünscht. Schriftliche Anweisungen - und entsprechende Bindungen an Verfahrensweisen - schließen nicht aus, daß Anwender Daten zu anderen als den vorgesehenen Zwecken manipulieren. Eine Vertraulichkeit der entsprechenden Verfahrensvorschriften kann allerdings erreichen, daß unbefugte Manipulationen wegen falscher Verfahrensweise - z.B. Kennzeichnungen u. dergl. - auffallen und entdeckt werden können.

Die mit einer derartigen Einschränkung des individuellen Entscheidungsspielraums verbundene Formalisierung führt zu Konsequenzen sowohl im persönlichen wie organisatorischen Bereich. Inflexibilität besonders bei der Behandlung von Ausnahmesituationen, die in der Regel auch in detaillierten Verfahrensvorschriften nicht vollständig abgedeckt werden können, ist eine der offensichtlichen Folgen.

Demzufolge wird sich der Schwerpunkt der Sicherung des Verarbeitungsprozesses im Bereich der manuellen Datenverarbeitung durch eine feste Bindung nur in wenigen Fällen als sinnvoll erweisen. Statt dessen bzw. in Ergänzung zu diesem Vorgehen kann der Prozeß der manuellen Datenverarbeitung jedoch in eine Vielzahl kleiner Verarbeitungsschritte aufgeteilt werden, die unterschiedlichen Aktionsträgern zugeordnet werden. Durch dieses Prinzip der 'Funktionstrennung' wird eine Art multipersonaler Kontrolle eines Verarbeitungsganges erreicht ('Vieraugenprinzip'). Zusammen mit Duplikaten, Verarbeitungsprotokollen und Abzeichnungspflicht, kann so auch im Bereich der manuellen Datenverarbeitung ein hohes Maß an Sicherheit erzielt werden. Dadurch erhöht sich je-

doch gleichzeitig die Anzahl der Personen, die notwendigerweise Einblick in die zu schützenden Daten erhalten müssen.
Um - in ganz wichtigen Fällen - auch dieses Risiko zu vermindern, ist eine analoge Aufspaltung der jeweils zu bearbei-
tenden Datenmengen vorzunehmen. Daß hierdurch die Einsicht
der Benutzer in den Gesamtprozeß verloren geht oder gehen
kann, ist bewußt angestrebt oder wird toleriert (Prinzip des
"Need-to-Know", nur das notwendige Wissen vermitteln). Negative Auswirkungen auf Motivation und Leistung sind gegen die
Sicherheitsinteressen abzuwägen.

2.2.2.4 Die Aktionsträger

Im Verarbeitungsbereich unterscheiden sich die Aktivitäten
und die Gefährdungsmöglichkeiten nach Art der ausführenden
Aktionsträger. Aufgabenerfüllungen bei maschinellen Aktionsträgern werden programmgesteuert abgewickelt, dagegen sind
sie bei menschlichen Aktionsträgern hauptsächlich dispositiv
orientiert.

Befindet sich ein menschlicher Aktionsträger im Bereich der
Verarbeitung bedeutet dies, daß er bereits Vorabkontrollen,
etwa die der räumlichen Zugangskontrolle, durchlaufen hat.
Dies gilt vor allem für diejenigen Beschäftigten, die automatische Datenverarbeitungsanlagen bedienen bzw. benutzen.
Häufig ist jedoch eine weitergehende Kontrolle notwendig. In
der Regel sind nicht alle Mitarbeiter, die befugten Zugang
zu bestimmten Räumlichkeiten haben, gleichzeitig befugt,
auch alle hier möglichen Aktivitäten autorisiert durchzuführen. Entsprechend muß eine personengebundene Aktivitätenkon-
trolle erfolgen, die individuelle Identifikationsmöglich-

keiten voraussetzt. Diese Identifikation kann sich auf einzelne Individuen, auf Gruppen, deren Abteilungszugehörigkeit oder Projektzugehörigkeit beziehen, je nach vorliegender Aufgabengliederung.

Das zur Identifizierung angewendete Verfahren kann grundsätzlich darauf beruhen,

(1) einen physischen Gegenstand, den der Betreffende mit sich führt und der zur Identifizierung dient, zu benutzen,

(2) eine Kenntnis, die nach Möglichkeit nur der Kontrollierte besitzt, zu verwerten, sowie

(3) ein Merkmal, das einer Person unwiderruflich zu eigen ist - wie etwa Fingerabdrücke, Stimme oder sonstige körperliche Eigenschaften -, eindeutig auszuwerten.

Über derartige Identifizierungsverfahren können nicht nur Räumlichkeiten oder Geräte, sondern auch Arbeitsleistungen und Inhalte - wie die Benutzung definierter Programme und Datenbestände - überwacht werden.

Eine derartige Abstimmung der Verarbeitung auf den Benutzer führt zu Kennsätzen, Pass-Wörtern, Datenklassen etc., wobei deren koordinierte Anwendung zu einer Stufung der Benutzer- und Befugnisprüfung führt, die an den Sicherheitserfordernissen auszurichten ist.

Nach einer eventuell erfolgten Zugangskontrolle ist zunächst die "Aktivierungsberechtigung" zu überprüfen. Auf dieser Stufe kann auf vielfältige Weise geprüft werden, ob ein Be-

nutzer befugt ist, Systemleistungen von der ADVA in Anspruch
zu nehmen. Dabei wird die Identifikation des Benutzers sinnvollerweise bereits an der Eingabe-Peripherie erfolgen, etwa
durch Job-Control-Karten, Dialog-Routinen etc.-, wodurch
gleichzeitig eine Einbindung in weiterreichende Prüfungen
ermöglicht werden kann. Ebenso ist eine Bindung der System-
nutzung an bestimmte Verarbeitungszeiten oder Verarbeitungs-
Zustände denkbar.

Die nächste Stufe der Überprüfungen soll als Operationsberechtigung bezeichnet werden. Nach erfolgreicher Aktivierung
steht einem Benutzer Systemleistung zur Verfügung, deren Art
jedoch noch unbestimmt ist. In der Regel ist nicht davon
auszugehen, daß ihm alle Programme und alle Daten verfügbar
gemacht werden sollen. Vielmehr muß überprüft werden, ob das
vom Benutzer gewünschte Programm oder die gewünschte Art der
Systemleistung - z.B. ein Übersetzungsprogramm für neue ADV-
Routinen - ihm im Rahmen seiner Befugnis auch zugänglich
sein soll.

Auch diese Überprüfung benutzt die oben geschilderten Methoden. Entweder werden die bereits eingegebenen Identifikationen weiterverwertet oder es werden zusätzliche Angaben verlangt. Im ersten Fall ist es erforderlich, daß die Identifikation nicht nur abgespeichert wird, sondern auch mit einer
Liste der verfügbaren Operationen (Programme, Routinen) verknüpft ist, so daß etwa bestimmte Identifikationen nur Zugang zu bestimmten Programmen ermöglichen.

Die letzte Überprüfung bezieht sich auf die gewünschten Daten.
Wenn ein Benutzer befugt ist, bestimmte Programme aufzurufen
und ausführen zu lassen, ist in der Regel die Befugnis, die
diesen Programmen zugeordneten Daten oder Dateien anzusprechen, eingeschlossen.

Gelegentlich existieren jedoch Programme oder Programmpakete,
die von vielen Benutzern befugt angesprochen werden dürfen,
ohne daß die Benutzer dabei gleiche Befugnis bezüglich der
Datenbehandlung haben. Dies gilt z.B. für Datenbankroutinen,
die einem großen Kreis von Benutzern zur Verfügung stehen.
Gerade in diesem Fall ist jedoch darauf zu achten, daß innerhalb der Operationsberechtigung ein differenzierter Datenzugriff bzw. eine Kontrolle dieses Zugriffs möglich sein
muß. Für die Realisation dieser Anforderung steht eine Vielzahl von Möglichkeiten zur Verfügung, die entsprechend ihres
Leistungsangebotes unterschiedliche Ansprüche an Speicherbe-
darf, Betriebssystemunterstützung, Konfigurationsspektrum
etc. stellen.

Zusätzliche Sicherheit bietet die Möglichkeit, in den automatisierten Prozeß manuelle Aktivitäten einzuschalten, bevor
Datenbestände angesprochen werden können. Dies kann etwa dadurch erreicht werden, daß bestimmte Wechselplatten eingesetzt oder entsprechende Bänder auf Bandstationen montiert
werden müssen. Diese Aktivitäten sind zumal dann leicht zu
kontrollieren, wenn die entsprechenden Datenträger aus einem
besonderen Sicherungsbereich, wie etwa dem Archiv, herbeige-
schafft werden müssen. Derartige Aktivitäten werden zweckmäßigerweise auch im Rahmen der Arbeitsvorbereitung geplant
und überwacht, wie dies bereits bei der Behandlung des Eingabebereichs dargestellt wurde (Abb. 10).

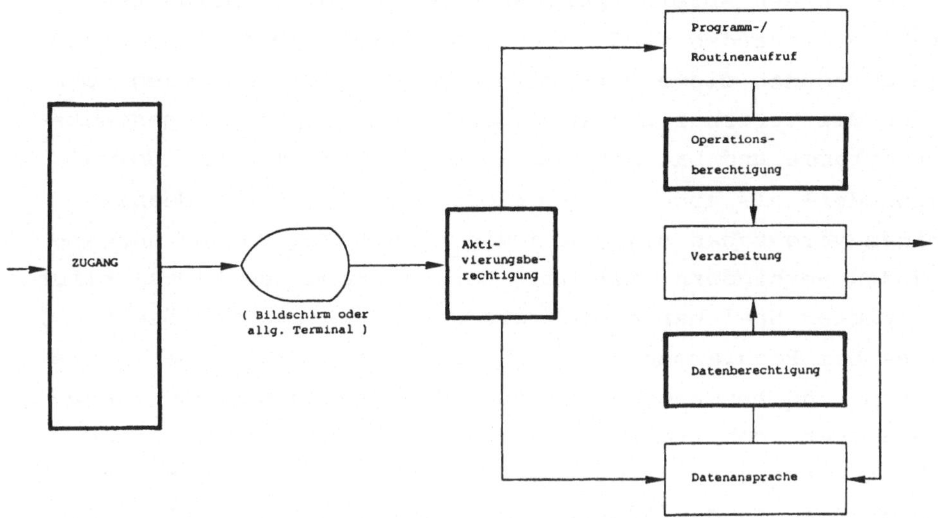

Abb. 10: Stufen der Berechtigungsprüfung

Dem Datenverarbeitungssystem als maschinellem Aktionsträger
ist ein weiteres Risiko immanent. Es muß ein komplexes Sicher-
heitssystem für den Störungsfall geschaffen werden, da Situationen denkbar sind, in denen die automatisierten Verfahren ausgeschaltet und die Kontrollen an das Operating zu-
rückgegeben werden. In diesen Fällen ist die Ansprache von
Daten und deren Kenntnisnahme außerhalb des geschützten Bereiches durch besondere System-Routinen (By-pass-Routinen)
möglich. Eine Regelung der Sonderfälle innerhalb der Verarbeitung sollte entsprechende Aussagen sowohl hinsichtlich
personeller Befugnisse, Zuständigkeiten etc. als auch über
die Weiterverwendung von Output machen, der außerhalb der
planmäßigen Verarbeitung erstellt wird.

Auch nach Ablauf einer ordnungsgemäßen Verarbeitung sind
noch Sicherheitsvorkehrungen zu treffen, da die Daten noch

physisch in den Arbeitsspeicherbereichen oder peripheren
Speichern vorhanden sind. Bei vorsätzlichem und planmäßigem
Vorgehen können diese Datenrestbestände gelesen werden, ohne
die für die Verarbeitung vorgesehenen und speziell geschützten Programme und Datenträger ansprechen zu müssen. Sowohl
in Anwender- als auch in Systemprogrammen sollten deshalb
Routinen vorgesehen sein, die die Verwendung von Datenrestbeständen verhindern; ist dies bei Programm-Neustarts üblich
- benötigter Speicherbereich wird vor Benutzung gelöscht - ,
wird es bei Programmende doch häufig unterlassen. Neben die
programm- und benutzerbezogenen Prüfungen können noch generelle Sicherungen treten, die die Einhaltung vorgeschriebe-
ner Verfahren überwachen. Hier besteht eine enge Verknüpfung
mit Maßnahmen in der Arbeitsvorbereitung und der Ablaufplanung, durch die zusätzliche Verifizierungen erfolgen. Rückfragen, generelle Überwachungen, Alarm-Maßnahmen und besonders Protokollierungen finden hier ihre Anwendung.

2.2.3. Ausgabebereich

o Inhalt:
- Datenträger-Medien
- Datenverwendung im Ausgabebereich
  - - Angebote mit unmittelbarer Verwendung
  - - Datenverwendung nach Transport

Den dritten großen Gefährdungsbereich stellt die Ausgabe
dar. Soweit die Ergebnisse der Verarbeitung nicht unmittelbar auf die Speichermedien zurückgeschrieben werden,
schließt sich an die Verarbeitung die Übergabe àn den Ausgabebereich an, in dem die Ergebnisse für weitere Aktionsträger zur Verfügung gestellt werden. Je nach weiterer Ver-

wendung erfolgt der Output auf unterschiedliche Datenträgermedien, die weitergehenden Aktivitäten unterworfen und dabei
unterschiedlichen Gefährdungsarten ausgesetzt werden.

2.2.3.1 Datenträger-Medien

Die Art des Datenträgers im Ausgabebereich bestimmt im wesentlichen die Weiterverwendbarkeit der darauf fixierten
Daten. An dieser Stelle soll eine Unterscheidung zwischen
transportablen und nicht transportablen Datenträgern getroffen werden. Ausgangspunkt dieser Unterscheidung ist, daß Daten im Ausgabebereich einer Darstellung bedürfen. Ist das
Trägermedium nicht zum Transport vorgesehen, soll von "nicht
transportablen" Datenträgermedien gesprochen werden. Die Ausgabe auf einem solchen nicht transportablen Medium - wie etwa auf einem Bildschirm - bedeutet zugleich, daß eine Weiterverwendung oder Einsichtnahme nur unmittelbar während des
Ausgabeprozesses erfolgen kann. Dementsprechend bleibt das
Gefährdungsrisiko solange auf einen Einzelfall beschränkt,
wie der Ausgabe-Inhalt nicht vervielfältigt werden kann.
Hiervon kann in der Regel ausgegangen werden, da entweder
zusätzliche Geräte - etwa Drucker - für die Erstellung von
transportablen Datenträgermedien erforderlich sind oder eine
Aufnahme durch Auswendiglernen erfolgen muß, - eine Gefährdung, die grundsätzlich nicht ausgeschlossen werden kann.

Der Charakter der transportablen Medien richtet sich stark
nach der beabsichtigten Daten-Weiterverwendung. Neben den
Mischformen werden hier maschinenlesbare und personell lesbare Träger unterschieden.

Bei den vornehmlich maschinell lesbaren Datenträgern handelt
es sich einmal um die bereits dargestellten magnetischen Speichermedien, aber auch um Lochkarten, Lochstreifen, Magnetkon-
ten und dergleichen. Ein Teil dieser Medien wird dabei mit
personell lesbaren Zeichen versehen, um eine auch manuelle
Weiterver- und -bearbeitung zu ermöglichen.

Rein maschinelle Weiterverarbeitung - und entsprechende Verwendung nur maschinell lesbarer Datenträger - findet sich sowohl bei Verfahren des Datenträger-Austausches wie bei hausinternen Anschlußverarbeitungen - wie etwa getrennter Datenerfassung auf Magnetbändern.

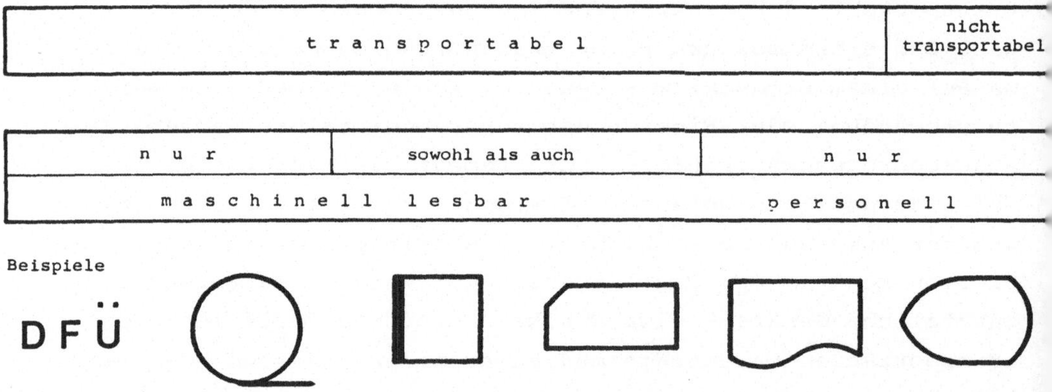

transportabel		nicht transportabel
n u r	sowohl als auch	n u r
m a s c h i n e l l l e s b a r		p e r s o n e l l

Beispiele

D F Ü

Abb. 11: "Datenträgermedien"

Bilden mindestens zwei DV-Anlagen einen zwischenbetriebli-
chen Verbund - so etwa zwischen Unternehmung und Sozialver-
sicherung -, ist die Ausgabe der Datenträger auf den Transport auszurichten; besondere weitergehende Gefährdungen -
z.B. Diebstahl ganzer Bänder - sind an dieser Stelle bei der
Verfahrenswahl und -organisation einzubeziehen.

Datenträger, die unmittelbar im Bereich der Datenverarbeitung bleiben, also z.B. im Archiv oder im Datenträgerspei-
cher, verlassen diesen Bereich nicht und fallen somit nicht
unter die Kontrollen und Gefährdung des Ausgabebereichs.
Eine unmittelbare Weiterverwendung derartiger Datenträger,
wie sie etwa bei Klartextoutput durch Lesen, Wahrnehmen,
Vergleichen und dergleichen möglich ist, ist für nur maschinenlesbare Datenträger nicht möglich. Hier besteht ausschließlich die Gefahr der Entwendung ganzer Datenträger, um
sie an anderer Stelle lesen zu lassen.

Grundsätzlich anders stellt sich das Gefährdungsrisiko für
einen Datenträger bei Hinzutreten der personellen Lesbarkeit
dar, sei es in Kombination mit der maschinellen oder in ihrer
Reinform.

Zu seiner Verarbeitung oder zur Kenntnisnahme seines Inhaltes bedarf es keiner zusätzlichen Geräte, wie dies bei den
nur maschinell lesbaren Datenträgern der Fall ist. Demzufolge
ge sollten hier besondere Sicherungsmaßnahmen ansetzen, zumal die Ergebnisse der Datenverarbeitung bereits fertig vorliegen. Jemand, der Zugang zu diesen Klartextoutputs bekäme,
hätte damit sämtliche Sicherungen im Eingabe- oder Verarbeitungsbereich umgangen. Diesen personell lesbaren Datenträgern muß daher im Einzelfall derselbe Schutz zukommen wie
den ursprünglich gespeicherten Datenbeständen.

2.2.3.2. Datenverwendung im Ausgabebereich

Ausgegebene Daten stehen grundsätzlich für die weitere Verarbeitung oder Vernichtung bereit. Diese kann

- sich unmittelbar <u>anschließen</u> oder
- nach <u>einem Transport</u> vorgenommen werden.

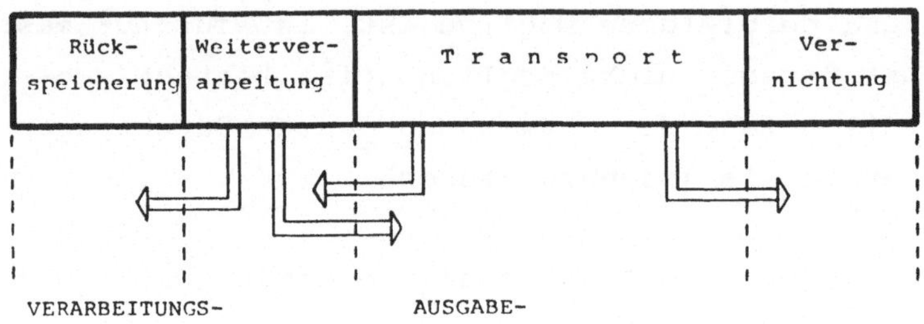

Abb. 12: Ausgabebereich

2.2.3.2.1. Ausgabe mit unmittelbar weiterer Verwendung

Die Ausgabe zum Zweck der unmittelbaren weiteren Verarbeitung stellt in der Regel gleichzeitig den Wechsel der Verarbeitungsmethode dar, etwa Ausgabe aus dem Bereich der automatischen Datenverarbeitung zur unmittelbaren weiteren manuellen Verarbeitung. Hinzu kommen Prozesse der einfachen
Informationsaufnahme, etwa durch Lesen von Listen, Tabellen
und dergleichen. Im Gegensatz zur unmittelbaren Rückspeicherung werden die Daten jedoch zunächst im Klartext ausgegeben und stehen offen zur Verfügung. Entsprechend ist
dafür zu sorgen, daß ihnen die gleiche Aufmerksamkeit zukommt, wie jedem (manuell geführten) Datenbestand, d.h., daß
etwa für Verschlußmöglichkeiten gesorgt werden muß.

2.2.3.2.2. Datenverwendung nach Transport

Häufig schließen sich an die Ausgabe jedoch unmittelbar
Transporte an. Die ausgegebenen Daten wechseln dann zugleich
häufig die bearbeitende Stelle. Damit kann gleichzeitig ein
Wechsel der Verarbeitungsmethode verbunden sein. Dies ist
etwa dann der Fall, wenn Daten nach dem Abschluß der manuellen Datenverarbeitung zur Eingabe bzw. Erfassung für den automatischen Bereich vorgesehen werden. Hier sollen drei
Transportkategorien unterschieden werden und zwar nach

- dem Verhältnis des Empfängers zum Absender,
- der Art der Raumüberbrückung und
- der Distributionsmethode.

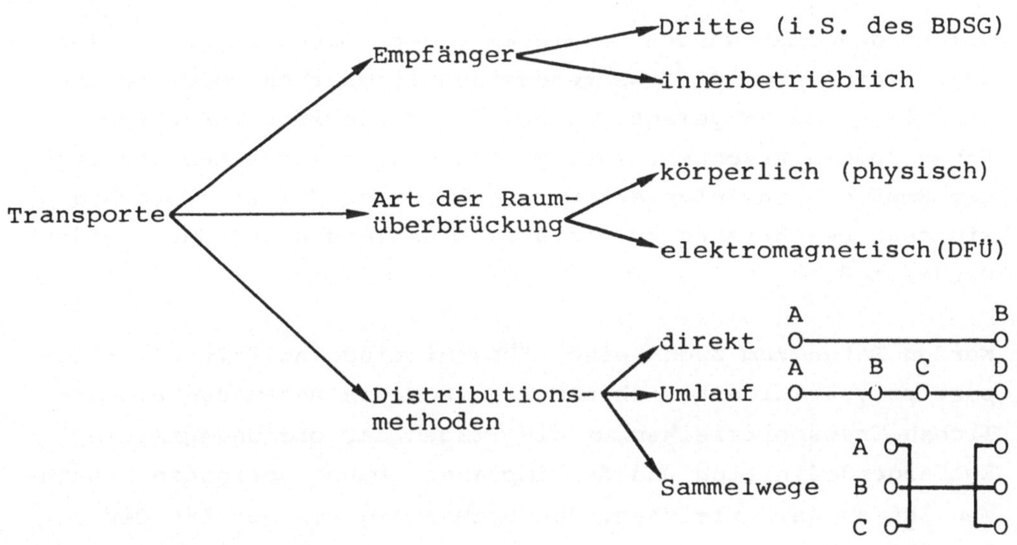

Abb. 13: Daten-(träger-)Transport

2.2.3.2.2.1. Unterscheidung der Transporte nach dem Empfänger

Besondere Relevanz für Datensicherungsmaßnahmen ergibt sich
aus der Abstimmung des Output-Inhaltes auf einen vorher defi-
nierten Empfängerkreis. So sind innerbetriebliche Transporte
z.T. gegen andere Risiken zu sichern als mit Übermittlungen
an Dritte (i.S. des BDSG) verbundene Transporte.

Innerbetriebliche Transporte belassen die Ergebnisdaten eines
Datenverarbeitungsprozesses grundsätzlich im Überwachungs-
und Kompetenzenbereich der datenverantwortlichen Stelle. Da
in diesem Fall davon ausgegangen werden kann, daß sowohl das
Transportverfahren wie auch die Dateninhalte relativ leicht
zu ermitteln sind, ist eine Sicherung gegen daraus resultie-
rende Risiken zweckmäßig.

Erfahrungsgemäß werden in diesem Rahmen Datenträger nur für
kurze Zeit entwendet, währenddessen eingesehen oder kopiert
und wieder zurückgelegt, so daß die Entdeckung derartiger
Entwendungen erschwert ist; gleiches gilt für einen unbefugten Empfang von Informationsmaterial, bei dem ein Vorgehen
wie oben beschrieben kurzfristig beschlossen und durchgeführt
werden muß.

Werden Daten zum Zweck einer "Übermittlung an Dritte" transportiert, erweitert sich der Problemkreis neben den eigentlichen Transportrisiken um die Fragen der ordnungsgemäßen
Empfängerdefinition und des Empfangs. Durch geeignete Maßnahmen ist zu gewährleisten, daß unabhängig von der Art der
Raumüberbrückung und der Verantwortungsregelung für die Zeit
des Transportes Daten nur vom vorgesehenen Empfänger angenommen werden können. Übermittlungsrisiken entstehen beispielsweise durch Leitungsfehler, durch Fehler der Boten

oder Spediteure. Neben dem Versehen ist auch hier mit vor-
sätzlichen Aktionen zu rechnen.

2.2.3.2.2.2 Art der Raumüberbrückung ("Transportverfahren")

Ergebnisdaten können - je nach Anforderung der Anwendung -
entweder elektrisch oder physisch transportiert werden. Beide
Verfahren kennen spezifische Sicherungen, die sich auf Rechner, Übertragungsverfahren, Datenleitungen, Versandmethoden,
Empfängeridentfikation etc. beziehen, wobei zu beachten ist,
daß nicht alle Sicherungsverfahren frei wählbar sind. Sie
sind z.T. standardisiert oder werden vom Anbieter zur Auswahl angeboten. Dies gilt vor allem für diejenigen Leistungen,
die Monopolcharakter tragen, etwa die der Deutschen Bundespost.

Die Maßnahmen, die hier im einzelnen zu treffen sind, werden
vornehmlich durch das Transportverfahren bestimmt, wobei bei
den Formen der Direktübermittlung - etwa bei Auskunftssyste-
men - auch die Möglichkeit vorzusehen ist, die Ausgabegeräte
während der Kommunikation abzuschirmen. Ansonsten können auf
diese Art und Weise Daten beim Ausgeben mitgelesen oder in Erfahrung gebracht werden. Dies ist besonders für kleine aber
sehr sensible Daten- und Informationsmengen von Bedeutung.
Namentlich Codewörter, Dateinamen oder sonstige Schlüsselangaben können auf diese Art und Weise leicht in Erfahrung gebracht werden und zu weiteren, schwerwiegenden Eingriffen
mißbraucht werden. Die übrigen Sicherungsmaßnahmen bei elek-
trischer Übertragung haben im wesentlichen das Ziel, die
Kenntnisnahme während der Übermittlung zu unterbinden. Dies
geschieht im allg. durch unterschiedliche Verfahren der Verschlüsselung.

Demgegenüber beziehen sich die Maßnahmen für physische Transporte auf die Vermeidung bzw. Erschwerung des physischen Zugriffs. Hierhin gehören etwa Transportwegfestlegungen, spezielle Transportbehälter oder Identifikationen der am Transport beteiligten Personen. Die folgende Abbildung faßt noch einmal die Aussagen zu Risiken und Transportverfahren zusammen:

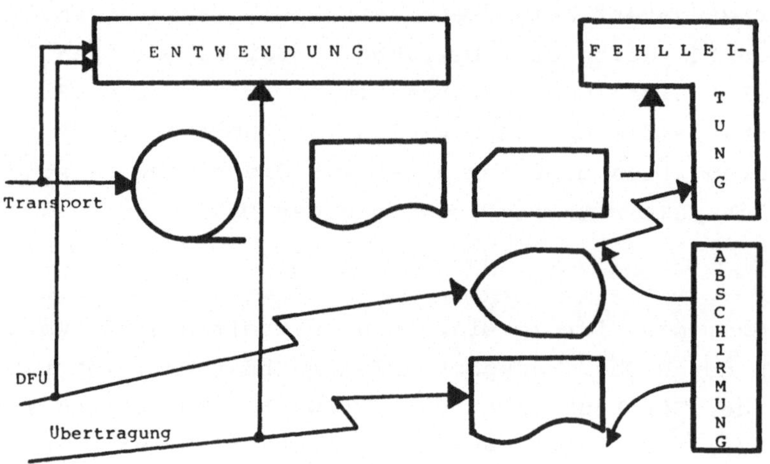

Abb. 14: Risiko von Transportverfahren

Die Risiken - Entwendung, Fehlleitung und mangelnde Abstimmung - sind allesamt mittelbar entscheidend für die Risiken der Einsichtnahme und Veränderung von Daten. Ausschließliche Störung der Transporte - ggfls. mit dem Ergebnis der Zerstörung der Daten - können mit den gleichen Mitteln bekämpft werden. Diese Störungen wiegen jedoch im Allgemeinen nicht so schwer, da - bei Vorhandensein von Sicherungsbeständen - die Transporte wiederholt werden können. Allerdings sollte

darauf geachtet werden, daß Störungen etwa der elektrischen
Übertragung z.B. durch Kontrollbits, -zeichen, -summen u.
dergl. rasch erkannt werden.

2.2.3.2.2.3. Distributionsmethode

Durch die Wahl der Distributionsmethode wird bestimmt, in
welcher Reihenfolge und mit welcher Bestimmtheit Ausgabeda-
ten ausschließlich zu ihren Empfängern gelangen.

In den Fällen, in denen Daten mit Hilfe von Datenleitungen
übermittelt werden, wird es im Normalfall zu sogenannten Di-
rektübertragungen kommen, bei denen es nur einen Empfänger
gibt.

Mehrere Adressaten eines Datenträgers werden durch das Umlauf-
verfahren erreicht. Hierbei erhalten die einzelnen Adressaten
den Datenträger nacheinander, indem jeder nach Kenntnisnahme
bzw. Bearbeitung den Datenträger weiterleitet. Dabei wird die
ganze Kette mit Kenntnis und Billigung der Beteiligten durchlaufen.

Schließlich sind noch Sammeltransporte zu nennen, die sich dadurch auszeichnen, daß für den Transportweg von verschiedenen
Absendern Sendungen gesammelt, gemeinsam zu den Empfängern
transportiert und dort verteilt werden. Dieses Verfahren entspricht etwa der Hauspost oder dem normalen postalischen Weg,
wird aber auch im Rahmen der automatisierten Datenverarbeitung
verwendet.

Die Charakterisierung der Distributionsmethode bestimmt zugleich das erreichbare Sicherheitsniveau des Transportes. So

sind beispielsweise Fehlleitungen von Sendungen oder Einblick in mangelhaft abgeschirmte Sendungen im Fall des Umlaufverfahrens ungleich wahrscheinlicher als bei der Methode des Direkttransportes; auch in der Anzahl der am Transprort beteiligten Personen und der Stärke des Einflusses, der auf Art und Weise des Transportes ausgeübt werden kann, unterscheiden sich die Verfahren erheblich.

2.2.4. Zusammenfassung

Die Datenverarbeitung stellt sich als ein Netz von Aktivitäten dar, denen die Daten unterzogen werden. Dabei sind die Datenentstehung bzw. deren Gewinnung der Eingang und die Datenvernichtung bzw. ihre Übermittlung an Dritte die Ausgänge aus diesem Netz.

Zum Zweck der erstmaligen Abspeicherung werden die Daten

(1) unmittelbar bei Entstehung gewonnen (dem entspricht die direkte Eingabe bei der automatisierten Datenverarbeitung),

(2) von Urbelegen her übernommen bzw. die Urbelege selbst unmittelbar zu einer Datei zusammengefaßt (dem entspricht im Bereich der automatisierten Datenverarbeitung die Erfassung), oder

(3) auf umlaufenden Formularen, Notizen und sonstigen Datenträgern durch Transporte angeliefert und anschließend zur Abspeicherung erfaßt.

Die gespeicherten Daten werden zur Verarbeitung, zur unmit-

telbaren Vernichtung oder zum Transport ihrem jeweiligen
Speicher entnommen. Die Verarbeitung, die auch unmittelbar
auf den Transport folgen kann, führt zu einer Modifikation
und Rückspeicherung der Daten, zur Entstehung neuer Daten
auf anderen Datenträgern, sowie zur Offenlegung oder zur
Verfügungstellung von Daten (dem entspricht im Bereich der
automatisierten Datenverarbeitung beispielsweise die Darstellung auf einem Bildschirm (Display). Die neuerzeugten Datenbestände können erneut entweder transportiert und weiterverarbeitet oder vernichtet werden. Den Ausgang aus dem System
stellt letztlich der Transport von Datenträgern mit entsprechenden Datenbeständen zu Dritten bzw. die bereits ge-
nannte Löschung von Daten dar (Abb. 15).

Innerhalb dieses Systems kann eine Reihe von Sicherungsbarrieren unterschieden werden. Zunächst ist der <u>personelle Zugang</u>
zur ADVA, den Terminals oder den manuellen Datenverarbeitungs-
plätzen zu nennen, wobei auch auf den Eingang von Material,
von Daten, von Aufträgen und Anweisungen zu den genannten
Plätzen zu achten ist.

Die Arbeitsvorbereitung, d.h. im wesentlichen die <u>Planung und
Kontrolle</u> der entsprechenden Abläufe stellt einen zusätzlichen
Schutz gegen unbefugte Datenmanipulationen und unbefugte
Kenntnisnahme dar. Im Bereich der automatisierten Datenverarbei-
tung treten dann die Sicherungen der <u>Aktivierungsberechtigung</u>,
der <u>Operationsberechtigung</u> und der <u>Datenberechtigung</u> hinzu.

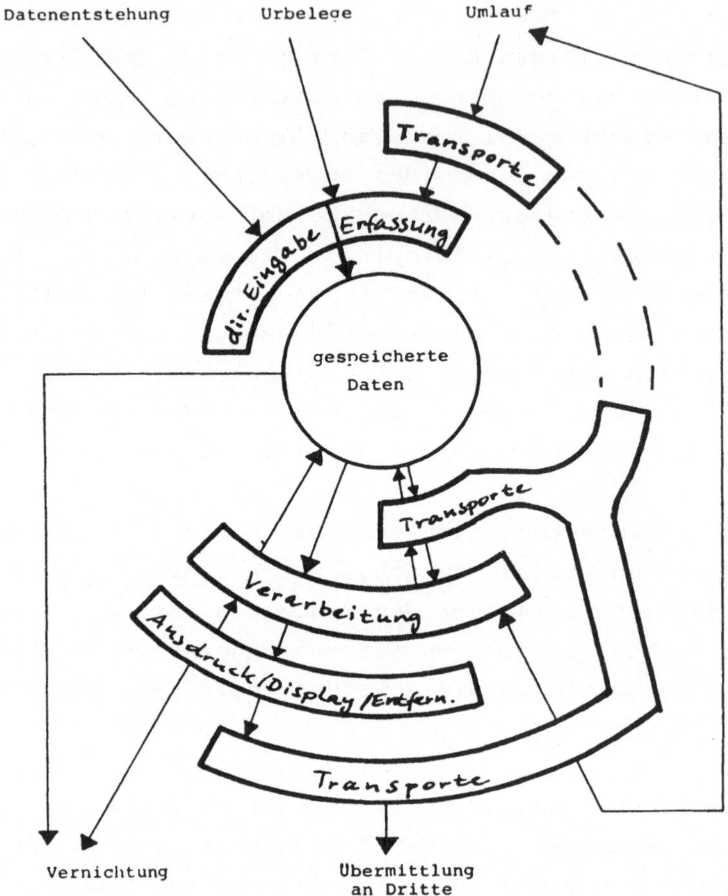

Abb. 15: Darstellung der Datenverarbeitung

Nach dem Verarbeitungsprozeß ist der <u>Outputempfang</u> sowie die Outputabschirmung eine weitere Sicherungsschnittstelle. An verschiedenen Stellen des Systems kann durch Transportsicherung und -kontrolle eine weitere Sicherungsbarriere eingebaut werden (Tab. 3).

- PERSONELLER ZUGANG ZUR ADVA ("RZ") ODER DEN TERMINALS
- EINGANG VON MATERIAL (ZUM RZ)
- EINGANG VON DATEN (ZUM RZ)
- EINGANG VON AUFTRÄGEN UND ANWEISUNGEN (ZUM RZ)
- ARBEITSVORBEREITUNG ALS VERMITTLUNG ZWISCHEN VORFELD UND DV I.E.S.
- AKTIVIERUNGSBERECHTIGUNG
- OPERATIONSBERECHTIGUNG
- DATENBERECHTIGUNG
- OUTPUTEMPFANG
- OUTPUTABSCHIRMUNG
- TRANSPORTSICHERUNG

Tab. 3: Übersicht der Sicherungsbarrieren

Abb. 16 faßt diese Aussagen zusammen und gibt einen Überblick über die wichtigsten "Sicherungsbarrieren" im Prozeß der Datenverarbeitung. Aus der Abbildung kann entnommen werden, wie unterschiedliche, aufeinander aufbauende Kontrollen die Gefährdungsmöglichkeiten sukzessiv einschränken. Dadurch wird anschaulich, wie sich die Kontrollen ergänzen können: Im Grenzfall kann eine wohl durchdachte Kontrolle einer bestimmten "Barriere" die Notwendigkeit, an anderer Stelle zu kontrollieren, vermindern bzw. ganz aufheben. Diese gegenseitige Ergänzbarkeit der Mehrzahl der Kontrollbarrieren erlaubt eine große Auswahl an Kombinationen technischer und organisatorischer Maßnahmen, die eine Anpassung an die jeweiligen unternehmungsindividuellen Gegebenheiten erleichtern. Das Ausnutzen dieser Möglichkeiten setzt voraus, daß die unterschiedlichen Wege, über die Zugang zu Daten zu erhalten ist, bzw. die es erlauben, Datenbestände unbefugt zu manipulieren, klar identifiziert werden.

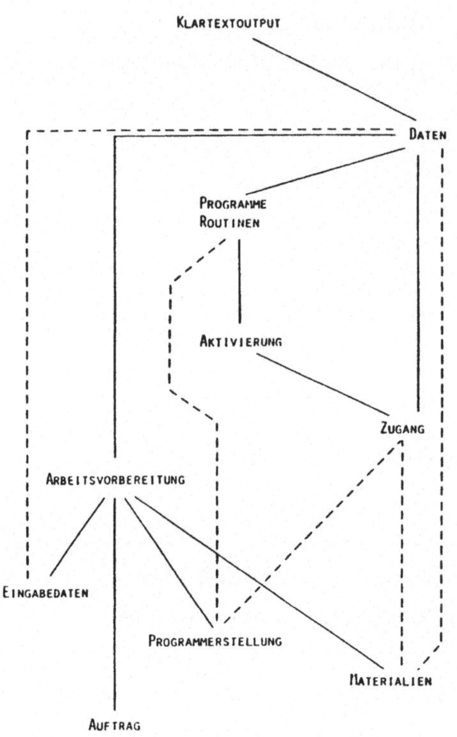

Abb. 16: Sicherungsbarrieren in der DV

Derartige Analysen ermöglichen es, die Kontrollen so zu verteilen, daß kein Weg ungeschützt bleibt. Eine besondere Schwachstelle im Rahmen des Datenverarbeitungssystems ist – wie aus der graphischen Darstellung entnommen werden kann – der Klartextoutput.

Obwohl sich Sicherungsanforderungen des Bundesdatenschutzgesetzes nur auf personenbezogene Daten beziehen, werden die damit verbundenen Maßnahmen aus kostenorientierten und unternehmungsindividuellen Gründen auch auf die wichtigsten gespeicherten Sachinformationen ausgedehnt werden. Je nach Anteil der somit zu sichernden Daten am Gesamt-Datenbestand, kann es zunächst zweifelhaft erscheinen, ob ein ausgefeiltes Sicherungssystem dem Umfang der damit zu schützenden Daten angemessen ist.

Da eine Doppelgleisigkeit der Verarbeitung, einmal für zu schützende Daten, zum anderen für 'freie' Daten, jedoch in der Regel völlig unpraktikabel sein wird, dürfte im Normalfall kein Weg an einer generellen Sicherung des Datenverarbeitungssystems vorbeiführen. Dabei wird durch eine derartige Ausweitung der Aufwand für die Sicherungsmaßnahmen kaum wesentlich höher sein als wenn nur die zu schützenden Daten davon betroffen würden. Beeinträchtigungen des allgemeinen Arbeitsablaufs im Bereich der Datenverarbeitung sind jedoch zu erwarten (vergl. Kapitel C).

3. Bestimmungsgrößen für den Aufbau eines Sicherungssystems

Das oben skizzierte Modell der Datenverarbeitung muß für den Aufbau eines konkreten Sicherungssystems und für die Auswahl der entsprechenden Maßnahmen detailliert werden. Zugleich wird es um Elemente erweitert, von denen anzunehmen ist, daß sie die Datensicherungsaktivitäten bestimmend beeinflussen. Diese 'Einflußgrößen' werden im folgenden herausgearbeitet und im einzelnen begründet. Dabei wird besonders Wert darauf gelegt, Elemente zu isolieren, die auf möglichst viele konkrete betriebliche Datenverarbeitungssituationen anzuwenden sind. Die Kenntnis dieser Größen eröffnet den Zugang zu alternativen Sicherungsmöglichkeiten, die sich für die diversen Sicherungsschnittstellen des Datenverarbeitungssystems ergeben.

Für die Auswahl der dabei zweckmäßigsten Maßnahmenalternativen soll dabei von folgenden Faktoren ausgegangen werden:

- 'Technik der Datenverarbeitung', Punkt 3.1,
- 'Organisation der Datenverarbeitung' Punkt 3.2,
- 'Organisation der Datenbestände' Punkt 3.3 und
- 'Räumliche Gegebenheiten' Punkt 3.4.

Die Einflußgrößen 'Technik der Datenverarbeitung' sowie 'Organisation der Datenverarbeitung' bestimmen - neben den festliegenden Größen, wie etwa dem Umfang der Datenverarbeitung, dem Ausbildungsstand und der Anzahl der in der Datenverarbeitung beschäftigten Personen oder auch der Branche - im wesentlichen die EDV-Konfiguration. Eine Einschränkung der zweckmäßigen Maßnahmenalternativen wird durch die Berücksichtigung der Kriterien 'zentrale' oder 'dezentrale' Datenverarbeitung erreicht. Dabei gilt diese Unterscheidung grundsätzlich sowohl für manuelle wie auch für die maschinelle Verarbeitung und deren Mischformen.

Die technische Ausstattung spielt dabei im Bereich der maschinellen Datenverarbeitung eine bestimmende Rolle. Dies gilt insbesondere für die Möglichkeiten, die daraus folgend softwaretechnisch - d.h. durch Programme und Routinen -und hardwaretechnisch - d.h. durch die Geräte -, von den maschinellen Elementen geboten werden. Diese können zu einem erheblichen Teil organisatorische und personelle Überwachungen und Kontrollen ersetzen oder ergänzen.

Die <u>Organisation</u> der Datenbestände legt vor allem fest, ob die Daten in Dateien oder in Datenbanken zusammengefaßt sind, ob sie redundant - d.h. mehrfach und ggf. an verschiedenen Plätzen - oder nur einmal gespeichert sind, wodurch auch die Art und Weise der Verflechtung der Dateien bestimmt wird. So ist es beispielsweise möglich, unterschiedliches Datenmaterial mit einem identifizierenden Merkmal nur einmal im System abzuspeichern und erst bei Bedarf mit anderen Informationen aufgrund des Merkmals zu mischen. Derartige Verkettungstechniken spielen insbesondere bei automatisierten Datenverarbeitungssystemen eine Rolle.

<u>Räumliche Gegebenheiten</u> schließlich stellen für eine Reihe von Datenschutz- und Datensicherungsmaßnahmen Restriktionen dar. So etwa, wenn ein zentrales Rechenzentrum aufgrund räumlicher Gegebenheiten nur schwer gegen Zugang zu sichern ist, da beispielsweise eine Reihe von Türen, Fenstern oder gar ein Großraumbüro vorliegt. Bedeutend sind derartige Fragen auch für die manuelle Datenverarbeitung, insbesondere für Großraumbüros, in denen die Möglichkeit der Einblicknahme in Datenbestände vorhanden ist, da eine mangelnde

Abschirmung der Arbeitsplätze oder auch der Ausgabegeräte
die Regel darstellt.

3.1. Die Einflußgröße Technik

Dieser Abschnitt umfaßt die Punkte

3.1.1. Art der eingesetzten Technik und Technisierungsgrad
3.1.2. Der Einfluß auf den Eingabebereich
3.1.3. Der Einfluß auf den Verarbeitungsbereich
3.1.4. Der Einfluß auf den Ausgabebereich

Die Einflußgröße Technik umfaßt im wesentlichen die technischen Mittel, deren man sich zur Datenverarbeitung bedient.
Sie haben den maßgeblichen Einfluß auf die Möglichkeiten,
die zur Datensicherung in Betracht gezogen werden können,
und bestimmen somit zum einen die Gefahren, denen die Daten
durch die Technik selbst ausgesetzt sind, zum anderen er-
öffnen sie Möglichkeiten, um die Daten vor unerwünschten
oder unbefugten Manipulationen, Einblicken oder Entwendungen
zu schützen. Da die technischen Mittel der Datenverarbeitung
jedoch nur in Ausnahmefällen unter dem Gesichtspunkt der
Datensicherung gewählt werden, müssen sie als wichtige extern gegebene Bedingung für die Datensicherungsmaßnahmen
angesehen werden.

3.1.1. Art der eingesetzten Technik und Technisierungsgrad

Im Rahmen der Datenverarbeitung werden höchst unterschiedliche
Techniken eingesetzt. Dies geht vom Extrem einer vollständig
durch automatisierte Datenverarbeitung (ADV) bewirkten Verar-

beitung über die Verwendung technischer Mittel wie Rohrpostanlagen, zentralen Karteien, Fördereinrichtungen und dergleichen, bis zu einer im wesentlichen manuellen Datenverarbeitung
am Arbeitsplatz mit Hilfe von individuellen Karteikästen,
Aktenschränken und dergleichen.

Da in der Regel Mischformen auftreten, - etwa die Benutzung
einer automatisierten Datenverarbeitungsanlage in Kombination
mit in weiten Bereichen manueller Datenverarbeitung - ist es
notwendig, die Gefährdungen und Möglichkeiten, die die Tech-
nisierungsstufen für die Datensicherung bieten, einzeln zu
untersuchen.

Darüberhinaus nimmt eine Reihe von Faktoren, die auch für
die Auswahl der Technik Bedeutung haben, Einfluß auf die
Datenschutz- und -sicherungsfragen. Dies sind beispielsweise
Art und Umfang der zu verarbeitenden Daten oder die Anzahl
der an der Verarbeitung beteiligten Personen, deren Ausbildungsstand etc.. Alle Größen sind wiederum von der Branchen-
zugehörigkeit, Unternehmungsgröße u.ä., abhängig. Zunächst
sollen daher diese Faktoren einer näheren Betrachtung unterzogen werden.

3.1.1.1. Grundbedingungen

Art und Anzahl der zu verarbeitenden Daten bilden zunächst
die Grundlage für die benutzte Technik.

Große Mengen von Daten, die im wesentlichen Routineprozessen
unterworfen werden - wie Lager-, Auftrags- oder Versanddaten
- werden zweckmäßigerweise in automatisierten Systemen ver-

arbeitet. Dabei ist der Umfang des Datenmaterials, das individuellen Auswertungen unterworfen werden muß, gering. Ausnahmen sind zu finden etwa im Bereich der Medizin oder der Steuerberatung.

Ausbildungsstand und Anzahl der in der Datenverarbeitung beschäftigten Personen stellen einen weiteren Parameter für die Sicherheit der Daten dar. So werden an der Bearbeitung großer Datenmengen häufig mehrere Personen gleichzeitig beteiligt sein. Bei individueller Bearbeitung der Daten hingegen erfolgt in der Regel eine aufgabenbezogene Zuordnung zu einem Sachbearbeiter, die den Datenzugriff individualisiert, d.h. nur einer Person zuordnet.

Der Ausbildungsstand ist für den Überblick über Verarbeitungprozeduren, technische Hilfsmittel und Daten von Wichtigkeit, wenn auch in keiner Weise zwingend notwendig. Für ausgefeilte, vorsätzliche Verstösse gegen den Datenschutz sind jedoch häufig Spezialisten erforderlich, insbesondere um die Aufdeckung diese Delikte zu erschweren.

3.1.1.2. Kategorien der eingesetzten Technik

Personenbezogene Informationsverarbeitung findet in zahlreichen Unternehmungsbereichen mit unterschiedlichen inhaltlichen und umfangmäßigen Schwerpunkten statt. Entsprechend ist mit unterschiedlichem Einsatz technischer Hilfsmittel zu rechnen.

(1) Automatische Datenverarbeitungssysteme

Hier variieren die eingesetzten Datenverarbeitungsanlagen sehr stark in Ausstattung, Größe und Leistungsfähigkeit. Das Spektrum reicht von eingesetzten Büro-Computern bis zu großen zentralisierten DV-Anlagen in Rechenzentren.

(2) Textverarbeitungssysteme

Für den Bereich der überwiegend nicht numerischen Datenverarbeitung werden zunehmend darauf spezialisierte Geräte, sogenannte Textverarbeitungssysteme, eingesetzt. Da auch sie in großem Umfang personenbezogene Daten speichern und verarbeiten, ist ihre Berücksichtigung beim Aufbau des Sicherungssystems unumgänglich. Dies ist insbesondere dann zwingend erforderlich, wenn Text- und Datenverarbeitung integriert werden. In diesem Fall stehen über die Textverarbeitungsprogramme die Daten der Datenverarbeitung grundsätzlich zur Verfügung. Da die technische Entwicklung in dieser Richtung voranschreitet, sind analoge Überlegungen wie bei der Verwendung von Datenbanken anzustellen.

(3) Zusatzgeräte

Unter Zusatzgeräten sollen alle jene technischen Hilfsmittel verstanden werden, die nicht zur Verarbeitung der Daten eingesetzt werden, sondern nur Teilaufgaben im gesamten Ablauf der Datenverarbeitung übernehmen oder unterstützen. Dies können beispielsweise Schreibgut-Transportanlagen wie etwa Rohrpost- oder Förderbandanlagen sein, es können jedoch auch Geräte, die im Zusammenhang

mit Maßnahmen der Datensicherung eingesetzt werden, wie
etwa Geräte zur Identifizierung von Personen oder zur
Raumüberwachung, sein.

Hilfsmittel, die im Bereich der unmittelbaren manuellen Datenverarbeitung eingesetzt werden, wie etwa Karteikästen,
Schränke, sonstige verschließbare Behältnisse und dergleichen, werden an dieser Stelle nicht behandelt, da sie keine
speziellen Auswirkungen auf die Art und den Umfang der zu
ergreifenden Datensicherungsmaßnahmen haben, sondern vielmehr bereits selbst als derartige Sicherungsmaßnahmen angesehen werden müssen.

3.1.1.2.1. Datenverarbeitungsanlagen

Automatisierte Datenverarbeitungsanlagen jeder Größe konzen-
trieren Daten in einem Umfang, der bei manueller Bestands-
führung normalerweise nicht erreicht wird. Allein hierdurch
kommt den ADV-Anlagen als Objekt der Datensicherung große
Bedeutung zu. Dies wurde auch vom Gesetzgeber erkannt und in
der Anlage zu § 6 BDSG berücksichtigt.

Datenverarbeitungsanlagen stellen auch im Hinblick auf vor-
sätzlich illegale Manipulation von Daten eine große Gefahr
dar. Diese resultiert u.a. daraus, daß mit Hilfe der ADV
große Mengen von Daten in vergleichsweise kurzer Zeit einer
Bearbeitung unterzogen werden können.

Da für gezielte Manipulationen Programme benötigt werden,
kann deren Sicherheit sowohl hinsichtlich der Funktionsfähigkeit wie auch ihres Einsatzes als Kern des Sicherungssystems gesehen werden.

Abgesehen von dieser grundsätzlichen Gemeinsamkeit aller Datenverarbeitungsanlagen, existieren große Unterschiede bezüglich deren Hard- und Softwareausstattung, die jeweils unterschiedliche Sicherungsmaßnahmen bedingen.

Im Bereich der Hardware sollen die Datenträger einer näheren Betrachtung unterzogen werden.

Kleine Datenverarbeitungsanlagen sind i.d.R. mit Magnetbandkassetten, Floppy-Disks, Mini-Floppies oder Magnetkontokarten als Datenträgern ausgestattet. Diesen Datenträgern gemeinsam ist, daß sie klein und somit leicht zu transportieren sind. Größere Anlagen sind demgegenüber i.d.R. mit Magnetplattenstapeln, Magnetbändern oder Magnettrommeln ausgestattet.

Bereits daraus lassen sich Aussagen über die Sicherung ableiten: Im ersten Fall fehlt weitgehend die Möglichkeit, eine unmittelbare Kontrolle (z.B. gegenüber dem Risiko der Entwendung) über die Datenträger auszuüben. Größere Speichermedien bieten - soweit sie überhaupt transportabel sind - in dieser Hinsicht bereits eine erste Sicherheit.

Auch die Möglichkeiten zur unvorhergesehen Nutzung der Speichermedien unterscheiden sich dahingehend, daß die Datenträger kleiner Anlagen eher - evtl. sogar auf privaten Anlagen (sog. Heimcomputern) - gelesen und geändert werden können. Derartige Manipulationen sind mit Datenträgern großer ADV-Anlagen wesentlich schwieriger durchzuführen.

Sicherungsrelevante Unterschiede liegen auch in den softwaretechnischen Möglichkeiten und den dadurch gegebenen unterschiedlichen Fähigkeiten großer und kleiner ADV-Anlagen.

Die von den Geräte-Herstellern angebotene Betriebssystem-
Ausstattung einschließlich der Dienstprogramme unterstützt
den Benutzer von ADV-Anlagen mehr oder weniger umfangreich
bei bestimmten Manipulationen, etwa beim Kopieren, Erstellen
von Speicherabzügen, Bypass-Routinen und dergleichen. Gleichzeitig mit dem Komfort des Betriebssystems steigt allerdings
auch der von den Routinen des Betriebssystems belegte Haupt-
speicherplatz, wodurch dessen Größe zu einer Restriktion für
die vom Betriebs-system zu erbringenden Funktionen wird.

Umfangreiche Betriebssysteme bieten u.a. differenzierte Zu-
griffswege auf Dateien, Sätze oder Felder, sie ermöglichen
umfassende Kontrollen der Tätigkeiten der Anlage selbst, wie
etwa die der Benutzung von Datenbeständen, von Peripherie-
einheiten etc. und sie kontrollieren - und dies ist für die
Datensicherung von Wichtigkeit - die vom Benutzer oder einem
Benutzerprogramm gestellten Anforderungen an Ressourcen der
Anlage. Hierbei werden Identifikationsroutinen der Benutzer,
Paßwortkontrollen für Programme, Dateien oder Datenbestände
und komplizierte Bedingungsabfragen - wie etwa das Zusammen-
fallen von Benutzerbefugnis mit vorgeplanter Zeit der zum
Programm zugeordneten Datenbestände - eingesetzt.

Der Unterschied in der Softwareausstattung der ADV-Anlagen
ist somit für die Art der möglichen Datenschutz- und Sicherungsmaßnahmen von bestimmender Bedeutung. Je komfortabler
und umfassender ein Betriebssystem ist, je mehr es möglich
ist, dem Betriebssystem entsprechende Routinen anzufügen,
desto mehr Kontrollen können automatisiert, d.h. auf die Anlage selbst verlagert werden.

Auf diese Weise realisierte Kontrollen sind durch ihre permanente Präsenz effektiv. Allerdings sind sie dann zu unter-

laufen, wenn ihre Funktion bekannt ist, wenn Benutzer über umfassende Systemkenntnisse verfügen und dadurch in der Lage sind, entsprechende Manipulationen an der Steuerung des Betriebssystems vorzunehmen.

Die auf diese Weise "vorgeschaltete" automatische Sicherungsebene hat trotz ihrer Unzulänglichkeiten ihre Berechtigung, als unbefugte Manipulationen der Betriebssoftware - zu der sowohl die entsprechenden Kenntnisse wie auch die Gelegenheit gehören - erst Voraussetzung für die eigentliche Manipulation der Daten sind, während ohne diese Routinen eine Manipulation bereits unmittelbar die zu sichernden Datenbestände beträfe. Dies gilt vor allem dann, wenn erst durch mehrere Versuche an unterschiedlichen Teilsystemen eine Gesamtänderung möglich ist und damit eine Entdeckung bereits im Vorfeld der Datenmanipulation einen hohen Wahrscheinlichkeitswert erhält.

3.1.1.2.2. Textverarbeitungssysteme

Textverarbeitungssysteme enthalten Dateien oder dateiähnliche Verzeichnisse von Anschriften, Namen und dergleichen, die mit mehreren Qualifikationskriterien versehen sein können. Auch diese Verzeichnisse sind unter gegebenen Voraussetzungen aus gesetzlichen oder aus betriebsindividuellen Gründen zu schützen. Bei einer Integration von Text- und Datenverarbeitung, wie sie ohne Zweifel in Zukunft die Regel sein wird, entfallen die Unterschiede zwischen Text- und Datenverarbeitungssystemen weitgehend. Das für Datenverarbeitungssysteme entwickelte Instrumentarium muß dann auch hier benutzt werden.

Die Hardwareausstattung von selbständigen Textverarbeitungssystemen benutzt z.Zt. fast ausschließlich portable Datenträger wie Floppy-Disks, Mini-Disks, allerdings auch zunehmend Magnetplatten. Durch die grundsätzlich expansive In-
stallationstendenz in diesem Bereich kommt dem Schutz dieser
Datenträger eine große Bedeutung zu.

Demgenüber tritt die Softwarekomponente bei Textverarbeitungssystemen im allgemeinen zurück. Besondere Sicherungsroutinen,
etwa im Sinne einer Paßwortabfrage oder Benutzeridentifikation sind - von integrierten Systemen abgesehen - nur selten
vorhanden. Die Software selbst - das "Textverarbeitungspro-
gramm" - ist für den Benutzer i.d.R. ohne Spezialkenntnisse
nicht zugänglich. Eine Manipulation der Software ist jedoch
auch grundsätzlich aus Sicherungsgründen kaum zu fürchten:
Da das System selbst keine Kontrollen durchführt, ist mit
dem Zugang die einzige systemtechnische Sicherungsbarriere
überwunden.

Ziele einer Programmmanipulation könnten daher nur Verfäl-
schungen und unbemerktes Duplizieren von Daten sein. Inwieweit diese und in extremen Fällen einige weitere Absichten
nicht anders leichter zu erreichen sind, unbemerkt bleiben
und zu Schäden führen sei dahingestellt.

Generell reduzieren sich die Sicherungsmöglichkeiten bei
Textverarbeitungssystemen auf den Datenträger und die Benut-
zungskontrolle und kommen somit denen für kleine Computer-
systeme recht nahe.

3.1.1.2.3. Zusatzgeräte

Zusatzgeräte werden meistens nur zur Erfüllung von Teilaufgaben in einer speziellen Phase des Datenverarbeitungsprozesses eingesetzt. Entsprechend speziell sind ihre Risiken und Möglichkeiten, die sie für die Datensicherung liefern. Die unter diesem Aspekt wichtigsten Gruppen sind: Fördermittel, Speicherverhältnisse und Zusatzgeräte zur Identifizierung bzw. Zugangskontrolle.

<u>Fördermittel</u> dienen (in diesem Rahmen) der Raum-Überbrückung für Datenmaterial. Auf diesem Transportweg muß gewährleistet sein, daß Datenträger gegen Zugriff und die sonst möglichen Risiken geschützt sind. Diese Forderung gilt gleichermaßen für Botenwagen, spezielle Taschen und Behältnisse, wie für mechanisierte Einrichtungen in Form von Transportbändern oder Rohrpostanlagen.

<u>Speicherbehältnisse</u> sind in jeder Unternehmung in unterschiedlicher Form vorhanden. So werden Karteien in jedem Fall anzutreffen sein, vom Umfang einer kleinen Handkartei bis zur Zusammenfassung in Karteitrögen mit automatischem Grob-Zugriff. Derartige Dateien und Karteien sind unter Datenschutz- und Sicherungsaspekten daraufhin zu untersuchen, ob sie gegen unbefugten Zugriff - etwa während der Nachtstunden - entsprechend der Vertraulichkeit der Daten ausreichend gesichert sind. Je nach den Gegebenheiten können hier andere Formen der Aufbewahrung in Erwägung gezogen werden.

Neben dem Verschluß der Daten am Arbeitsplatz in speziellen Schränken kann auch die Konzentration oder Verteilung der Karteien in bestimmte Abteilungen erwogen werden. Erreichen die Karteien einen großen Umfang, sollte die Übernahme dieser Datenbestände auf automatisierte Datenverarbeitsanlagen als eine weitere Möglichkeit in Betracht gezogen werden.

In der letzten Gruppe von Zusatzgeräten befinden sich solche Geräte, die speziell zum Zweck der <u>Zugangskontrolle</u> oder der <u>Identifizierung</u> von Benutzern eingesetzt werden.

Die Identifizierung stellt dabei das eigentliche Problem dar; eine wirkungsvolle Kontrolle gleich welcher Art setzt eine Erkennung und Unterscheidung des "Erlaubten" und "Verbotenen" voraus: auf Perzonen bezogen eben die Identifizierung der Person. So gesehen kann die Zugangskontrolle als spezielle Anwendung der Identifizierung aufgefaßt werden und soll somit an dieser Stelle mitbehandelt werden. Diese Geräte werden vornehmlich eingesetzt, um den Zugang zu bestimmten Räumen zu kontrollieren, wodurch sie einen evtl. ebenfalls eingesetzten Pförtner von der Routinetätigkeit entlasten können. Eine Zusammenfassung mehrerer Geräte zu einem "System" erlaubt es, mehrere Kontrollstationen parallel zu überwachen.

3.1.2. Der Einfluß auf den Eingabebereich

Der Eingabebereich ist die Schnittstelle zur Datenverarbeitung. Somit sind hier alle Aktivitäten zusammengefaßt, denen die Daten, Personen, Materialien oder Anweisungen vor Übergang ins Verarbeitssystem unterworfen werden. Die in diesem Bereich möglichen Kontrollen sind dabei nur indirekt durch die im Verarbeitungsbereich eingesetzten technischen Mittel festgelegt; sie können im wesentlichen unabhängig von der Datenverarbeitungstechnik gewählt werden.

Allerdings können bestimmte Kontrollen durch die jeweils zur
Verfügung stehende Datenverarbeitungstechnik ersetzt werden.
Streng genommen verzichtet man dabei auf Befugniskontrollen
im Eingabebereich und ersetzt diese durch Aktivierungskon-
trollen im Verarbeitungsbereich sowie darauf aufbauende
Überprüfungen der Operations- und Datenberechtigung. Ein
derartiges Vorgehen setzt jedoch voraus, daß die technisch
bedingten Kontrollen ausreichende Sicherheit bieten. Diese
kann i.d.R. nur von größeren Anlagen geboten werden, gilt
jedoch für Terminals oder Kleinrechner, die an große Anlagen
angeschlossen sind. Unterschreitet die Technik hingegen eine
bestimmte Qualität - wovon bei kleinen Systemen ausgegangen
werden muß - können derartige Kontrollprozeduren nicht mit
der notwendigen Sicherheit abgewickelt werden. Das beabsichtigte Ergebnis muß in den Fällen durch andere Maßnahmen erreicht werden.

Hierzu zählen Zugangskontrollen, der Anschluß von Zusatzgeräten oder die personelle Überwachung der Benutzung der Daten-
verarbeitsgeräte. Gerade die letzte Lösung wird bei Kleinrechnern oder Textverarbeitungsanlagen normalerweise dadurch
erreicht, daß das Gerät von mehreren Arbeitsplätzen aus einzusehen ist und somit eine Überwachung durch die Beschäftigten gegeben ist. Auch die Verschließbarkeit von Räumlichkeiten bzw. der benutzten Geräte stellt bei konsequenter Anwendung eine wirkungsvolle Maßnahme gegen jede unbefugte Benutzung dar.

Die grundsätzlichen Möglichkeiten finden selbstverständlich
auch im Bereich manueller Datenverarbeitung Anwendung, denn
sie verhindern etwa den unbefugten Zugang zu bestimmten Bü-
ros, zu Archivräumen und dergleichen.

Die Behandlung von Daten und Programmen im Eingabebereich
stellt ein gesondertes Problem dar, wenn die Anlage nicht
leistungsfähig genug ist, um den Zugang zu Daten und Programmen - etwa durch eine Benutzeridentifikation - zu kontrollieren. Dann ist eine Kontrolle darüber, ob der befugte
Benutzer bspw. nur Daten eingibt, zu deren Eingabe er befugt
ist, oder etwa Programmänderungen vornimmt, praktisch nur
durch direkte Überwachung möglich. Eine strenge Kontrolle
der Datenträger, auf denen bereits eingegebene Daten oder
bereits geschriebene Programme stehen, verhindert, daß vorhandene Bestände unmittelbar zerstört, manipuliert oder ver-
fälscht werden. Ein solches Vorgehen ist jedoch nur dann
vollständig, wenn gewährleistet wird, daß die zur autorisierten Datenverarbeitung eingesetzten Datenbestände und
Programme aus diesen nicht manipulierten Datenträgern entnommen werden. Mit Veränderung dieser Datenbestände müßte
dann die Anfertigung eines Eingabe-, Abnahme- oder Ände-
rungsprotokolls einhergehen.

Unmittelbarer Einfluß der eingesetzten Technik auf den Eingabebereich läßt sich somit nur bei Anlagen feststellen,
deren Größenordnung oder spezielle Funktionsausstattung eine
Übertragung von Kontrollaktivitäten auf diese Geräte selbst
ermöglicht.

3.1.3. Der Einfluß der eingesetzten Techniken auf den Verar-
       beitungsbereich

Im Verarbeitungsbereich werden Aktionsträger, Daten und Ver-
arbeitungsrichtlinien zusammengeführt, um Daten auszuwerten,
zu verändern etc.. Demzufolge kommt unter Datensicherungs-
gesichtspunkten der Kontrollierbarkeit dieser Dreikomponen-
ten-Konstellation die größte Bedeutung zu. Der Einfluß der

eingesetzten Technik schlägt sich darin nieder, ob und wie das Zusammenwirken der drei Komponenten durch diese Technik überwacht werden kann und deren Kombinierbarkeit beschränkt oder erleichtert wird.

Bei mittleren und großen ADV-Anlagen kann die Zusammenstellung der drei Komponenten in umfassendem Maße von der Betriebssystem-Software oder speziellen Programmen übernommen werden. Bei kleineren Anlagen und der manuellen Datenverarbeitung entfällt diese Möglichkeit weitgehend und die Sicherung muß daher durch andere Maßnahmen gewährleistet werden.

Die personelle Überwachung kann - als besonderes Teilproblem - dadurch erleichtert werden, daß mehrere Personen an der Datenverarbeitung beteiligt werden. Eine Kombination mit dem Organisationsprinzip der Arbeitsteilung oder der Trennung von Ausführung und Kontrolle - oder einer noch weitergehenden Aufteilung - führt zu weiterer Sicherheit.

Arbeitsteilung kann dabei etwa durch Funktionstrennung auf horizontaler oder vertikaler Ebene erfolgen, indem sich ergänzende Arbeiten teamorientiert erledigt oder durch arbeitsvorbereitende Tätigkeiten unterstützt werden. Beispielsweise können Datenträger, auf denen zu verändernde Daten stehen, von einem Mitarbeiter (oder dem Archiv) zur Verfügung gestellt werden, ein anderer ist ergänzend für die Datenträger verantwortlich, auf denen die zugehörigen Programme stehen.

In beiden Fällen ist eine strenge Kontrolle der Datenträger erforderlich. Auch Protokollierungen definierter Tatbestände, etwa der Verarbeitungszeit, der Zeit, die ein bestimmter Benutzer an der Eingabe zugebracht hat und dergleichen sowie stichprobenartige Überprüfung der Tätigkeiten können als ergänzende Maßnahmen ergriffen werden.

Für den Bereich der manuellen Datenverarbeitung können analog
die Kontrollen der ausgeführten Tätigkeit und die Zerlegung
der Verarbeitungsaufgaben in Teilaufgaben als wichtigste Maßnahmen angeführt werden.

3.1.4. Der Einfluß der eingesetzten Techniken auf den Ausgabe-
bereich

Der Ausgabebereich ist im wesentlichen durch drei Gefahren
gekennzeichnet: die Entwendung, die unbefugte Einsichtnahme
und die Fehlleitung von Datenausgaben. Alle drei Kategorien
sind gleichfalls während eines Datentransportes zu beachten.
Die genannten Gefahren sind außerdem Vorausetzung für weitergehende Mißbräuche, wie Manipulation oder Vernichtung von
Daten.

Grundsätzlich ist zu prüfen, inwieweit auch im Ausgabebereich
eine Kontrollkette - ähnlich der im Eingabebereich - aufbaubar
ist. Konnte dort nach dem physischen Zugang zu den Datenver-
arbeitungsgeräten deren Aktivierung oder sonstige Inanspruchnahme noch kontrolliert werden, fällt dies im Ausgabebereich
zunehmend schwerer, da einmal ausgegebene Outputs nicht mehr
den Kontrollmöglichkeiten der Datenverarbeitungstechniken unterliegen. Der denkbare Einbau einer zusätzlichen Sicherungsebene vor der Ausgabe bedeutet eine weitere Beeinträchtigung
des automatisierten Ablaufes und wird deshalb organisatorisch
wenig sinnvoll sein.

Grundvoraussetzung für einen Gefährdungseintritt ist - ähnlich wie im Eingabebereich - die Möglichkeit, Zugang zu dem
Datenmaterial zu erlangen. Die Output-Behandlung selbst läßt

sich auf wenige Grundregeln, die großenteils technik-unab-
hängig sind, zurückführen.

Grundsätzlich können zur Sicherung der Verarbeitungsergebnis-
se die Mittel der physischen Zugangskontrolle eingesetzt werden; dies ist allerdings nur solange sinnvoll, wie die Menge
der durch die Zugangskontrolle zu sichernden Daten oder das
besondere Interesse an ihnen den entsprechenden Aufwand
rechtfertigen.

Soweit es nicht möglich bzw. sinnvoll erscheint, den Zugang
zu den Outputs bzw. zu den Geräten, auf denen der Output erstellt wird, durch Zugangskontrollen für Unbefugte zu verhindern, kann versucht werden, eine Abschirmung gegen direkte, unbefugte Kenntnisnahme zu erreichen. Dies gilt etwa für
Drucker oder Bildschirmdisplays, die durch entsprechende
Aufstellung der Geräte selbst oder durch Trennwände, Blick-
schutzeinrichtungen etc. gegen allzu leichten Einsichtnahme
abgeschirmt werden sollten.

Ein besonderer Einfluß der Technik ist dann gegeben, wenn es
möglich ist, den Output nach der Entstehung erst auf spezielle Abfage hin abzurufen. Diese Verfahren, etwa 'Spooling',
benötigen jedoch ein Betriebssystem, das den Verwaltungsauf-
wand übernehmen kann. Außerdem müssen die Abruf-Programme
gesichert werden, sodaß der Output auf Speichermedien festgehalten wird, bis er von einem dafür befugten Benutzer
abgerufen wird.

Output in Form von Listings kann nur noch physisch gesichert
werden, etwa in Schließfächern, Ablagen oder Transportwagen.

Diese Mittel der passiven Sicherung sind nicht nur am Ort der
Datenentstehung, sondern ebenfalls am Ort der Datenverwendung

anzuwenden. Sie umfassen Transport- und Lagerbehälter für Datenträger ebenso wie verschließbare Karteikästen, Schreibtische, Schränke oder Fächer im Transportwagen.

An dieser Stelle sollte auch nicht vergessen werden, eine ge-
regelte und sichere Zerstörung nicht mehr benötigten Outputs,
der jedoch noch zu sichernde Daten enthält, zu gewährleisten.
Dies gilt in besonderem Maße für Durchschlagpapier und sonstige Medien, die normalerweise nicht als Datenträger angesehen werden, von denen sich aber Daten rekonstruieren lassen.

Art und Ausmaß möglicher Fehlleitungen von Output sind von
der eingesetzten Technik abhängig. Neben der Verfahrenswahl,
um das Risiko von Fehlleitungen so klein wie möglich zu halten, müssen Maßnahmen ergriffen werden, die Auswirkungen
evtl. Fehlleitungen minimieren. So wird etwa bei der Datenfernübertragung in diesem Sinn die Verschlüsselung (Chif-
frierung, Codierung) zweckmäßig sein.

Das zugrundeliegende Prinzip, daß nur der befugte Empfänger
in der Lage sein soll, den Inhalt sinnvoll zur Kenntnis zu
nehmen, ist auch in den anderen Bereichen der Übermittlung
anwendbar. So können etwa die Transportbehältnisse durch
individuelle Schlüssel verschlossen und geöffnet werden, so
daß auch bei Fehlleitungen kein unmittelbarer Zugang zu den
Daten besteht.

3.2 Die Einflußgröße "Organisation der Datenverarbeitung"

Dieser Abschnitt enthält folgende Punkte:

3.2.1. Organisationsprinzipien

- Zentralisation
- Integration

3.2.2. Auswirkungen auf die Datenverarbeitungsorganisation

Die unternehmungsindividuelle Organisation der Datenverarbeitung und der Datenverarbeitungsabläufe bestimmt nicht nur die Art der für sie eingesetzten Technik, sondern auch die Kombination der verschiedenen Phasen, die die Datenträger bzw. die Daten durchlaufen. Damit gewinnt die Organisation der Datenverarbeitung auch unter dem Aspekt der Datensicherung an Bedeutung.

Neben der in diesem Zusammenhang nicht unwichtigen Frage der Aufbauorganisation mit Unterstellungs- und Kompetenzregelungen ist der Ablauf gleichrangig zu berücksichtigen.

Da beide Teilaspekte jedoch bisher kaum unter dem Aspekt der Datensicherung behandelt wurden und Umorganisationen auch nicht kurzfristig - und vor allem nicht ohne erheblichen Aufwand - zu realisieren sind, kommt der Größe der "Organisation der Datenverarbeitung" eher der Charakter einer extern gegebenen Bedingung für einen Maßnahmenkatalog zu. Zusammen mit der Einflußgröße "Technik" bestimmt sie somit die "Konfiguration" der Datenverarbeitung. Dieser Punkt wird unter 3.2.3. näher behandelt.

3.2.1. Organisationsprinzipien

Von den Prinzipien, die die Gestaltung der betrieblichen Strukturen und Abläufe im Bereich der Datenverarbeitung leiten, sind zwei herauszuheben, von denen anzunehmen ist, daß sie sicherheitsbeeinflussende Faktoren darstellen. Dies ist zum einen das Prinzip der Zentralisation, zum anderen das der Integration von Teilaufgaben.

3.2.1.1. Zentralisation

Unter Zentralisation wird eine Aufgaben-Zusammenfassung unter einem bestimmten Kriterium verstanden. Gleichzeitig mit der Zentralisierung nach einem Kriterium ist eine Dezentralisierung nach einem anderen Kriterium verbunden. Im Rahmen der Datenverarbeitung wird üblicherweise unter Zentralisation die räumliche bzw. organisatorische Zusammenfassung von Aufgaben verstanden. Eine nur organisatorische Zusammenfassung liegt etwa dann vor, wenn die Datenverarbeitungsaufgaben einer bestimmten (Haupt-) Abteilung zugeordnet werden, die einzelnen Arbeitsplätze dabei aber über die gesamte Unternehmung räumlich verteilt bleiben.

Von zusätzlich räumlicher Zentralisierung wird dann gesprochen, wenn die Erfüllung dieser Aufgaben auch an räumlich zusammenhängenden Arbeitsplätzen erfolgt.

Für die Fragen der Datensicherung ist der Aspekt interessant, ob die Daten aufgrund vorhandener Dezentralisation häufigen Transporten unterworfen sind und sie deshalb durch viele einzelne Sachbearbeitungsstationen laufen. Weiterhin ist zu berücksichtigen, daß das Prinzip der Zentralisation auf die einzelnen Phasen unterschiedlich angewandt werden kann, etwa bei dezentraler Eingabe und gleichzeitig zentraler Verarbeitung.

3.2.1.2. Integration

Der Integrationsgrad von Teilaufgaben im datenverarbeitenden Bereich soll angeben, in welchem Maß Ergebnisdaten aus Teilprozessen in weiterverarbeitende Stufen einfließen; je mehr Schnittstellen zu einer Teilaufgabe vorhanden sind, desto höher ist das Integrationsniveau und die Abhängigkeit der einzelnen Stufen voneinander.
Auch das einer Verarbeitung zugrundeliegende Datenmaterial selbst läßt sich durch unterschiedliches Integrationsniveau kennzeichnen. Von niedrigem Integrationsniveau soll dann die Rede sein, wenn Daten zu nur einer Verarbeitung herangezogen werden, ohne parallel weitere betriebliche Teilaufgaben zu erledigen. Dies ist häufig mit einer mehrfachen Speicherung gleicher Daten verbunden (Redundanz).

Ein Anstieg der Integration führt gleichzeitig zum Abbau von Datenredundanz und erreicht ihren Höhepunkt in Datenbanksystemen im Idealfall ohne Redundanz, wobei Sicherungsbestände unberücksichtigt sind. Auf den einzelnen Stufen bedeutet dies gleichzeitig eine Verringerung der Aussagekraft jedes einzelnen Datenbestandes, da notwendige Teilinformationen Bestandteil anderer Datenbestände sind. Eine Verarbeitung von Teilprozessen ist allerdings mit der Notwendigkeit verbunden, auf weitere Datenbestände zurückzugreifen. Einerseits können somit die Sicherungserfordernisse isolierteter Datenbestände herabgesetzt werden, andererseits muß aber erhöhter Wert darauf gelegt werden, daß kontrolliert werden kann, wer auf weitere mit dem betroffenen Datenbestand verbundene Daten zuzugreifen versucht. Eine starke Integration, d.h. ein starker Zusammenhang der Datenverarbeitungsaufgaben und der Datenbestände, erfordert eine ausgefeilte Kontrolle und Protokollierung, bietet aber auch die Möglichkeit, Tätigkeiten

innerhalb dieser Bereiche an vielen Stellen nachträglich
oder sogar im Moment der Ausführung an anderer z.B. zentraler Stelle zu registrieren. Die Protokolldaten können ihrer-
seits personenbezogene und damit zu schützende Daten darstellen. Sie sind daher in die allgemeinen Überlegungen einzubeziehen.

Geringe Integration und damit relative Selbständigkeit der
Datenverarbeitungsaufgaben und Bestände reduziert zwar das
mögliche Risiko von weitreichenden Manipulationen oder Da-
tenzugriffen, erzwingt andererseits aber Sicherungsmaßnahmen
an vielen Einzelpunkten. Jede im Prinzip selbstständige Da-
tenverarbeitungsstelle oder jeder selbständige Datenbestand
muß dann individuell vor Zugriff, Manipulation oder Mißbrauch geschützt werden.

3.2.2. Auswirkungen der Datenverarbeitungsorganisation

Der Einfluß des Organisationsprinzips 'Zentralisation' bzw.
'Dezentralisation' ist in allen Phasen der Datenverarbeitung
gleichermaßen festzustellen. Grundsätzlich gilt, daß bei räumlicher Dezentralisierung die Sicherungstätigkeiten der Zu-
gangs- und Tätigkeitskontrolle mehrfach vorgenommen werden
müssen. In dem Umfange, wie sich die Anzahl der Sicherungs-
stellen vergrößert und die Anzahl der zu sichernden Daten ab-
nimmt, wird es für die Unternehmung zunehmend schwieriger,
ausgefeilte Sicherungsmethoden einzusetzen, da dies in der
Regel mit einem stark steigenden Aufwand für die Maßnahmen
verbunden ist.

Organisatorische und besonders räumliche Dezentralisation ist
somit den Möglichkeiten der Sicherung abträglich. Allerdings

ist eine vollständige Dezentralisation der Datenverarbeitung
- in allen Phasen - relativ selten. Bei häufig auftretenden
Kombinationen, etwa von dezentralisierter Datenerfassung, zentraler Datenverarbeitung und Datenausgabe und dezentralem Da-
tenverbleib, bietet sich stets die Möglichkeit, eventuelle
Schwachstellen in der Sicherung in den dezentralisierten Ebenen durch verstärkte Kontrolle im Zentralbereich weitgehend
aufzufangen.

Durch eine zunehmende Integration der Datenbestände kann
gleichzeitig die Aussagekraft jedes einzelnen (Teil-) Datenbestandes - und gleichzeitig die Auswirkungen jeder einzelnen Verarbeitung von Daten - reduziert werden.

Einerseits können somit die Sicherungserfordernisse für den
Schutz isolierter, integrierter Datenbestände herabgesetzt
werden, anderseits muß aber erhöhter Wert darauf gelegt werden, daß kontrolliert werden kann, wer auf weitere, mit dem
betroffenen Datenbestand verbundene Daten zuzugreifen versucht. Dies kann im Bereich der manuellen Datenverarbeitung
durch personelle, organisatorische Maßnahmen etwa im Rahmen
der Arbeitsteilung erfolgen, im Bereich der automatisierten
Datenverarbeitung wird damit für die Datenbefugnis ein
Schwerpunkt gesetzt.

Die manuelle Datenverarbeitung sollte ebenfalls unter dem
Gesichtspunkt der Organisation der Abläufe betrachtet werden, da auch hier wichtige Schwachstellen für die Datensicherung liegen können. Grundsätzlich erscheint es zweckmäßig,
zwei Fälle zu unterscheiden: Eine Konzentration der manuellen Datenverarbeitungstätigkeiten, die räumliche und funktionale Gesichtspunkte berücksichtigt, sowie eine Dezentralisation dieser Aktivitäten. Im letzten Fall wären bestimmte

Aktivitäten räumlich verstreut und den entsprechenden Fer-
tigungs-, Lagerverwaltungs- oder Vertriebstellen zugeordnet.
Beide (Extrem-)Typen verdeutlichen die wichtigsten Schwachstellen (Transportwege, Übermittlungsnotwendigkeiten und
Verschluß- bzw. Abschirmungsmöglichkeiten), die mit jeweils
unterschiedlichem Gewicht auftreten.

3.3. Einflußgröße "Organisation des Datenbestandes"

Dieser Abschnitt enthält folgende Punkte:

3.3.1. Datenkonzentration
3.3.2. Datenintegration
3.3.3. Zusammenfassende Konfigurationsübersicht

Die Organisation des Datenbestandes kann im allgemeinen nicht
losgelöst von der Organisation der Datenverarbeitung betrachtet werden. Dies gilt für den Bereich der manuellen Datenverarbeitung, der sich auch bei eingesetzter automatisierter
Datenverarbeitung im Vorfeld der ADV und in der Nachberei-
tung findet. Die dabei auftretenden Fragen der Redundanz der
Speicherung sowie der Verflechtung der Daten finden sich in
ähnlicher Weise auch im Abschnitt: "Organisation der Datenverarbeitung".

An dieser Stelle wird vorrangig darauf eingegangen, mit welchen Auswirkungen bei unterschiedlichem Datenkonzentrations-
und -integrationsniveau zu rechnen ist.

So reichen bspw. beim Einsatz von Datenbanksystemen anfäng-
liche Befugnisprüfungen nicht ohne weiteres zur Gesamtsiche-
rung aus, da in der Regel zwar sehr viele Benutzer befugt

sind, das Datenbanksystem aufzurufen, sie aber bezüglich der einzelnen Daten jeweils unterschiedliche Autorisierung haben oder haben sollten.

3.3.1. Datenkonzentration

Da die Datenbestände durch die in ihnen enthaltene Konzentration schutzwürdiger Informationen eine besondere Gefahrenquelle darstellen, soll an dieser Stelle noch einmal auf die Bedeutung der Redundanz eingegangen werden.

Sowohl die redundante wie auch die weitgehend redundanzfreie Speicherung hat für die Sicherung der Daten Vor- und Nachteile. Der "optimale Redundanzgrad" ist aufgrund der unternehmungsindividuellen Gegebenheiten zwischen den Risiken des unbefugten Zugriffs und der akkuraten und permanenten Verfügbarkeit zu bestimmen:

Bei grundsätzlich redundanter Speicherung muß der Zugriff - und somit die Verfügbarkeit - durch entsprechend mehrfach installierte Sicherungs- und Schutzmaßnahmen kontrolliert werden. Dabei wirkt es sich zwar positiv aus, daß bei eventuellem Verlust oder Verfälschung der Daten der ursprüngliche Zustand durch die redundant gehaltenen Daten leicht wieder hergestellt werden kann, gleichzeitig jedoch ergibt sich das Problem, den Aktualitätsstand bei Datenänderung zu gewährleisten. Redundanzarme Speicherungen - ohne Berücksichtigung von Sicherungsbeständen - sind in dieser Hinsicht vorzuziehen. Sie erfordern jedoch ein wesentlich höheres Maß an Abstimmung und Koordination für Zugriffe, Änderungen und sonstige Verarbeitungen.

3.3.2. Datenintegration

Unter Datenintegration soll das Maß und die Form der Verflechtung von Datenbeständen verstanden werden. Die Entscheidung für ein bestimmtes Integrationsniveau bestimmt im Zusammenhang mit der Konzentration der Datenbestände wesentlich die notwendig werdenden Datenaustauschprozesse und die daraus resultierenden Berechtigungsüberprüfungen.

Die diesen Zusammenhang wiedergebenden Phänomene sind in der automatisierten Datenverarbeitung als datei- oder als datenbank-orientierte Systeme bekannt. Da die Benutzung von Datenbanksystemen im Gegensatz zu einzelnen Dateien oder Programmen i.d.R. nicht auf einige wenige Sachbearbeiter eingeschränkt werden kann, sondern die Datenbank ja eben für alle Benutzer der EDV offenstehen soll, reichen die Schnittstellen der Aktivierungs- und Operationsberechtigung zum Schutz der im Bereich des Datenbanksystems befindlichen Daten nicht mehr aus. Nicht jedem, der berechtigt das Datenbanksystem benutzen kann, dürfen damit gleichzeitig sämtliche durch dieses System verwalteten Daten zur Verfügung stehen.

Die Entscheidung für ein hohes Integrationsniveau der Datenbestände, in der Regel Datenbanken oder zumindest datenbankähnlich verwaltete Systeme, stellt damit hohe Anforderungen an die Sicherungsvorkehrungen.

Der Schutz personenbezogener oder vertraulicher Daten innerhalb eines Datenbanksystems ist durch eine Reihe von Maßnahmen möglich, die jedoch im allgemeinen von den Randbedingungen eingeschränkt werden, die die vom jeweiligen Hersteller gelieferte Datenbanksoftware bietet.

Generell sollte es möglich sein, eine Einschränkung auf bestimmte Datenarten vorzunehmen. Bei datei-orientierten Systemen wird dies durch den Zugriff auf unterschiedliche Dateien gewährleistet. In Datenbanken ist nicht unbedingt eine Einschränkung auf Feldebene zu fordern. Auch eine entsprechende Organisation der abgespeicherten Datensätze und Verkettungen kann völlig ausreichend sein. Ferner können für unterschiedliche Benutzer unterschiedliche Teilmengen der Datenbank zur Verfügung stehen, über die hinaus der übrige Bestand der Datenbank unbekannt, zumindest aber unzugänglich ist ("Benutzersichten" der Datenbank).

Bei Spezialanwendungen - etwa statistische Datenbanken oder Auskunftssysteme ist zu bedenken, daß evtl. aus der Kombination zulässiger Abfragen von Daten durch logische Deduktion weitere Daten erschlossen werden können, deren Kenntnis dem Benutzer nicht zusteht. Hier müssen komplizierte Überprüfungen der Reihenfolge und Logik der Abfragen erfolgen.

Generell gilt jedoch, daß Datenbanken dadurch, daß sie dem Benutzer Zugang zu konzentriertem Datenmaterial verschaffen, ein weitaus größeres Gefährdungspotential darstellen als datei-orientierte Systeme. Daher sollten die Datensicherungsmaßnahmen, die für Datenbanksysteme angewandt werden, eine besonders strenge und möglichst auch logisch lückenlose Kontrolle der Befugnisse ermöglichen und darüberhinaus über Möglichkeiten verfügen, entdeckte unbefugte Zugriffe abzuwehren bzw. die jeweiligen Benutzer zu identifizieren.

Diese hohen Ansprüche an die softwaretechnischen Sicherungsmöglichkeiten für Datenbanksysteme sind i.d.R. auch realisierbar, da größere Datenbanksysteme auf Datenverarbeitungsanlagen installiert werden, die über eine entsprechende Hard-

und Softwarekapazität verfügen. Da in diesem Fall auch berechtigte Benutzer daran gehindert werden sollen, über ihre Berechtigung hinaus zuzugreifen, kommt dieser Sicherungsschnittstelle hier erheblich höhere Bedeutung zu als der physischen Zugangssicherung.

3.3.3. Zusammenfassende Konfigurationsübersicht

Die beiden Einflußgrößen 'Technik' und 'Organisation der Datenverarbeitung' bestimmen maßgeblich - wie bereits dargelegt - die gängigen Konfigurationstypen der Datenverarbeitung. Diese Konfigurationstypen sollen aus Gründen einer schnelleren Übersicht an dieser Stelle kurz charakterisiert werden.

Für eine Typisierung, die den einschlägig bekannten und "Grundkonfigurationen" nahe kommt, ist aus der Einflußgröße 'Technik der Datenverarbeitung' der jeweilige Leistungsumfang aus der Einflußgröße 'Organisation' die organisatorische Nutzung bestimmend.

Die stellvertretende Benutzung nur dieser Anhaltspunkte für die oben beschriebene, sehr viel tiefergehende Untersuchung der Einflußgrößen führt notwendigerweise zu einem groben Raster, das nur als Richtwert dienen kann. Dennoch kommt derartigen Richtwerten eine große Bedeutung zu: Sie zeigen auf, worauf der Schwerpunkt der Aktivitäten zu legen ist. Innerhalb dieses Rahmens kann selbstverständlich nicht auf eine detaillierte Untersuchung verzichtet werden.

Der Leistungsumfang - als stellvertretende Kenngröße für die Technik der Datenverarbeitung - gibt darüber Auskunft, in welchem Umfang Leistungen der eingesetzten Technik zu Datenschutz-

und -sicherungszwecken herangezogen werden können. Nicht die technischen Gegebenheiten selbst, sondern die durch sie vermittelten Funktionen werden zur Typisierung herangezogen. Dabei kann deren Umfang tendenziell in drei Bereiche unterteilt werden:

(1) keine nennenswerte Unterstützung von Datensicherungsmaß-nahmen oder Aktivitäten des Anwenders bei der Erfüllung des Sicherungsziels. In der Regel ist die Betriebssystem-Software so begrenzt, daß sie nur die für die Befehlsausführung und Programmgestaltung unentbehrlichen Funktionen bereitstellt;

(2) umfassende Unterstützung und Möglichkeiten für beliebige Aktivitäten des Anwenders zur Datensicherung, wie sie bei großen, komfortablen Betriebssystemen gegeben sind, sowie

(3) das Spektrum der dazwischen liegenden Leistungen, die zwar vielfältige Unterstützung gewähren, aber fühlbare Restriktionen - je nach Hersteller in durchaus unterschiedlichen Bereichen - aufweisen.

Die "Organisation" - als stellvertretende Größe für alle Faktoren der organisatorischen Nutzung gibt Auskunft über Anwendungsparameter. Hierzu sollen

(1) alleinstehende Anlagen,
(2) Anlagen mit dezentraler Peripherie, d.h. Ein-/Ausgabe-geräte und
(3) Anlagen im Verbund

unterschieden werden.

Alleinstehende Anlagen können als zentrale Datenverarbeitungs-stellen angesehen werden. Anlagen mit dezentraler Peripherie

stellen für Datensicherungsmaßnahmen eine völlig andere
Situation dar: Die Aktivitäten sind nicht mehr zentral zu
erledigen, sondern müssen - phasenentsprechend - ebenfalls
dezentralisiert werden. Bei Verbundsystemen schließlich stehen eigenständige Rechner miteinander in Verbindung. Damit
entfällt auch die phasenentsprechende Dezentralisierung der
Sicherungsmaßnahmen. Gleichzeitig können jedoch die Fähigkeiten der in der Regel leistungsfähigen Rechner koordiniert
genutzt werden.

Diese Klassifikation soll benutzt werden, um die Schwerpunkte
der Sicherungsaktivitäten im konkreten Einzelfall abzulesen.
(Vergl. Abb. 17)

	keine Soft- wareunter- stützung	mäßige Soft- unterstützung	volle Soft- wareunter- stützung
allein- stehend	a	b	c
dezentrale Peripherie		d	e
Verbund		f	

Abb. 17: Konfigurationsschema

(a) Dieser Fall ist gekennzeichnet durch kleine, i.d.R.
    unkomfortable Rechner, etwa isoliert arbeitende
    "Büro-Computer". Alle Phasen der Datenverarbeitung
    sind um diese Rechner konzentriert.

(b) In diesem Fall sind die Rechner wesentlich leistungs-

fähiger. Allerdings ist durch die technische Entwicklung eine genaue Abgrenzung dieser Gruppe, die
früher als MDT (mittlere Datentechnik) bezeichnet
wurde, nicht mehr möglich. Die Rechner dieser Gruppe
ermöglichen jedoch mindestens einfache Datensicherungsaktivitäten.

(c) Dies ist der klassiche Fall eines "Großrechners" im
Rechenzentrum. Ein leistungsfähiger Rechner wird al-
leinstehend - in der Regel im Rechenzentrum und ggf.
im closed-shop-Betrieb - genutzt.

(d) In diesem Fall sind bestimmte Peripheriegeräte bereits
dezentral an Rechner einer "mittleren" Leistungsfähigkeit angeschlossen. Den potentiellen Gefahren der Dezentralisierung für die Sicherung der Daten steht
nicht immer eine entsprechend nutzbare softwaretechni-
sche Leistungsfähigkeit gegenüber.

(e) Dieser Fall des Anschlusses von Peripheriegeräten ist
dadurch gekennzeichnet, daß die Benutzung der Peripheriegeräte weitgehend durch den Rechner kontrolliert
werden kann. Man kann von der Peripherie her auf die
Fähigkeiten des Großrechners zurückgreifen.

(f) Der Verbund von Rechnern setzt ein Minimal-Niveau an
Softwareunterstützung (Verwaltung der verbundenen Leistungen) voraus. Besondere Beachtung verdient hier die
Problematik des wechselseitigen Zugriffs auf Daten und
Programme. Die vorhandene Unterstützung des Betriebssystems für die Kontrolle derartiger Aktivitäten ist
im allgemeinen auf die individuellen Gegebenheiten
der konkreten Verbundkonfiguration und -organisation
abzustimmen.

Die hier vorgenommene Typisierung für Datenverarbeitungskonfi-
gurationen gilt in analoger Weise auch für Anlagen der Text-
verarbeitung. Allerdings kommt diesen z.Zt. noch nicht die-
selbe Bedeutung im Sinne des Datenschutzes zu wie der "reinen"
Datenverarbeitung. Es ist jedoch festzustellen, daß die Kombination von Text- und Datenverarbeitung mittelfristig umfas-
send realisiert wird.

Die manuelle Datenverarbeitung sollte ebenfalls unter dem Gesichtspunkt der Organisation der Abläufe betrachtet werden,
da auch hier wichtige Schwachstellen für die Datensicherung
liegen können. Grundsätzlich erscheint es zweckmäßig, zwei
Fälle zu unterscheiden: Eine Konzentration der manuellen
Datenverarbeitungstätigkeiten, die räumliche und funktionale
Gesichtspunkte berücksichtigt, sowie eine Dezentralisation
dieser Aktivitäten. Im letzten Fall wären bestimmte Aktivitäten räumlich verstreut und den entsprechenden Fertigungs-,
Lagerverwaltungs- oder Vertriebstellen zugeordnet. Beide
(Extrem-)Typen verdeutlichen die wichtigsten Schwachstellen
(Transportwege, Übermittlungsnotwendigkeiten und Verschluß-
bzw. Abschirmungsmöglichkeiten), die mit jeweils unterschied-
lichem Gewicht auftreten.

3.4. Die Einflußgröße "Räumliche Gegebenheiten"

Räumlichkeiten stellen i.d.R. für die Unternehmung Gegebenheiten dar, die nicht ohne weiteres verändert werden können,
zumal dann nicht, wenn es sich um angemietete Räume handelt.
Zwar können Räumlichkeiten unter Sicherheitsaspekten auch bestimmten Veränderungen unterzogen werden, - indem etwa Zwi-
schenmauern eingezogen werden, - grundsätzlich jedoch über-
wiegt insbesondere wegen des Aufwandes und der Kosten derarti-

ger Veränderungen der Charakter einer festen Gegebenheit. Bei der Betrachtung des Einflusses auf die zu treffenden Datenschutz- und -sicherungsmaßnahmen kommt zwei voneinander abhängigen Aspekten Bedeutung zu: Neben der <u>Größe</u> der jeweiligen Räumlichkeit sind die <u>Möglichkeiten des Zugangs</u> zu den Räumlichkeiten zu betrachten.

Durch die Größe eines Raumes - im Extremfall ein Großraumbüro, das eine ganze Etage ausfüllt - wird die Anzahl der Menschen festgelegt, die in diesem Raume mit gegebenenfalls unterschiedlichen Aufgaben beschäftigt sind. Entsprechend müssen in diesen Räumen auch alle Daten zugänglich sein, die zur Erfüllung dieser Tätigkeiten notwendig sind. Ansatzpunkte für ausgefeilte Zusatzkontrollen und entsprechende Überwachungsmöglichkeiten bieten sich innerhalb solcher Räume kaum. Insbesondere zu Zeiten, in denen wenige oder keine Mitarbeiter beschäftigt sind - etwa nach Dienstschluß oder an Feiertagen -, bestehen kaum Möglichkeiten, spezifische Zugriffe auf Daten zu unterbinden, es sei denn, man sorgt durch hohen Aufwand an "passiven" Maßnahmen für das notwendige Maß an Sicherheit. Hierunter fallen etwa Schränke, Karteikästen, Verschlußsysteme und dergleichen, die gegen unbefugtes Öffnen bzw. Inbetriebnahme erheblichen Widerstand leisten.

Die Gegebenheiten des Zugangs zu den Räumlichkeiten spielen insofern eine Rolle, als zunächst unter generellen Raumschutzgesichtspunkten die Zugänge zu sichern sind. Dies kann etwa für ein Rechenzentrum bedeuten, daß es nicht ebenerdig hinter einer großen, ungesicherten Glasfront untergebracht ist und über zahlreiche Haupt- und Nebeneingänge verfügen sollte. An dieser Stelle soll grundsätzlich auf die mit den gegebenen Zugangsmöglichkeiten verbundenen Gefahren hingewiesen werden, wobei in erster Linie Art und Anzahl der Öffnungen sowie die Leichtigkeit, mit der diese Öffnungen zu durchdringen sind, eine Rolle spielen.

3.5. Tabellarischer Überblick

Die im vorangegangen, ersten Teil des Buches analysierten Gefährdungsbereiche und Einflußgrößen werden zusammenfassend in den folgenden Tabellen den möglichen Maßnahmen (Teil II) gegenübergestellt. Diese Maßnahmen werden nach ihrer Charakterisierung und der Darlegung der Kostenfaktoren im abschließenden Tabellenteil (S. 217 ff.) bewertet.

Damit erhält der Benutzer dieses Buches einen durchgehenden Leitfaden Gefahr-Maßnahme-Kosten, der verkürzt in Tabellenform alle Alternativen beinhaltet und ein Nachschlagen im Einzelfall erleichtert.

Die beiden ersten Tabellen stellen jeweils dem Eingabe-, Verarbeitungs- und Ausgabebereich bestimmte Formen der Datenverarbeitung gegenüber, die die Auswahl der möglichen Datenschutz- und -sicherungsmaßnahmen entscheidend beeinflussen: Manuelle Datenverarbeitung, Zusatzgeräte und automatisierte Datenverarbeitung. Die automatisierte Datenverarbeitung ist entsprechend ihrer Leistungsfähigkeit unterteilt. Die Tabellen sind für zentrale und dezentrale Datenverarbeitung getrennt entwickelt. Die entsprechenden organisatorischen Einflußgrößen sind getrennt ausgewiesen.

Für die Einflußgrößen "Organisation des Datenbestandes" und "Räumlichkeiten" werden getrennte Tabellen aufgestellt, um die Übersichtlichkeit nicht zu gefährden.

Die jeweiligen Ziffern verweisen auf den Abschnitt II, wo die angesprochene Maßnahme oder Maßnahmengruppe im Einzelnen beschrieben wird.

Zentrale Datenverarbeitung

	E	A	V
M A N U E L L			
Z USATZGERÄTE	3.4.2 4.2.2 3.4.3 4.2.3	3.4.2 5.2 3.4.3 6.3	3.1.3
A U T O M A T I S I E R T — KEINE SOFTWARE-UNTERST.	1.2.3 4.4 3.1.2 5.1 3.3.2 3.4 4.4 4.2.3 4.3	1.2 6.3 3.1.2. 3.4 4.6 6.1 6.2	3.2 3.3.2
GERINGE SOFTWARE-UNTERST.	3.3. 4.2.2 5.1 4.3 1.2 4.4 3.1.2. 7.1 3.4	3.5 4.6 5.2 6.3 6.1 7.3 6.2 7.4 1.2 3.4	3.2 3.3 3.5 4.5
VOLLE SOFTWARE UNTERST.	3.3 3.4.1 3.4.2 4.2.2 3.4.3 4.3 4.2.1 5.1 5.3 7.1 1.2 3.1.2	3.4.2 7.1 3.4.3 7.3 3.5 7.4 5.2 1.2 5.3 3.1.2 6.1 4.6 6.2 6.3	3.2 3.3 3.5 4.5 7.2

Dezentrale Datenverarbeitung

		E	A	V
M A N U E L L		1.2 3.1.3 4.4 1.4.3 3.4.1 3.1.1 3.4.3	1.2 3.1.3 4.6 1.4.3 3.4.1 6. 3.1.1 3.4.3	1.2 3.4.3 1.4.3 3.4.1
ZUSATZGERÄTE		3.1.2 4.2.3 3.4.2 3.4.3 4.2.2	3.1.2 4.2.3 3.4.2 5.2 3.4.3 6.1 4.2.2 6.3	3.1.3
AUTOMATISIERT — TERMINAL SYSTEM	ALLG. MASSNAHMEN	1.2 4.3 4.4 3.1 3.4	1.2 6.2 2.3.3 6.3 3.1 3.4 4.6	1.2 3.1 3.2
	GERINGE SOFTWARE UNTERST.	1.2 3.4 7.1 2.4 4.2.1 3.1 4.3 3.3 5.1	1.2 3.4 7.1 2.3 4.2.1 3.1 4.6 6.2 6.3	1.2 7.2 3.1 3.2 4.5
	VOLLE SOFTWARE UNTERST.	1.2 3.4 5.1 2.4 4.2.1 7.1 3.1 4.3 3.3 5.3	1.2 3.4 6.3 2.3 4.2.1 7.1 3.1 4.6 5.3 6.2	1.2 7.2 3.1 3.2 4.5
AUTOMATISIERT — VERBUND SYSTEM	ALLG. MASSNAHMEN	1.2 3.1 4.3 4.4	1.2 2.3.3 6.3 3.1 4.6	1.2 3.1 3.2
	GERINGE SOFTWARE UNTERST.	1.2 3.4 7.1 2.4 4.2.1 3.1 4.3 3.3 5.1	1.2 3.4 7.4 2.3 4.2.1 7.3 3.1 4.6 7.1 6.3	1.2 7.2 3.1 4.5
	VOLLE SOFTWARE UNTERST.	1.2 3.4 5.1 2.4 4.2.1 5.2 3.1 4.3 2.1 3.3 5.3	1.2 3.4 6.3 2.3 4.2.1 7.4 3.1 4.6 7.3 5.3 5.2 7.1	1.2 7.2 3.2 4.5

ORGANISATION DES DATENBESTANDES	
DATENBANKEN	7.1 7.3
DATEIEN	7

RÄUMLICHKEITEN	GROSSBEREICH	KLEINBEREICH
FREI ZUGÄNGLICH		1.1.1 1.4.1[1] 4.2.2 4.4 1.2 3.1.3 4.2.3 5.3[4]
BESCHRÄNKT ZU-GÄNGLICH	1.4.1[3]	1.1.1 3.4.1 4.6.2 1.2 3.4.3 5.3 1.4.1[1] 4.2.2 3.1.3 4.2.3
UNTER VER-SCHLUSS	1.4.1[1] 4.3 2.3.1[2] 5.1 2.4.2[2] 3.4.1[3]	1.1.1 2.4.2[2] 4.2.2 5.1 1.2 3.1.3 4.2.3 5.3 1.4.1[1] 3.4.1 4.3 2.3.1[2] 3.4.3 4.6.2

1): Bauliche Maßnahmen sind je nach Sicherungsziel und Höhe des Aufwandes beschränkt außer acht zu lassen
2): Nur wenn Ein/Ausgabegeräte unter Verschluß stehen
3): In der Regel ist davon auszugehen, daß gewisse Zugangsbeschränk-
ungen vorhanden sind
4): Nur bei Großrechnern

B. Systematische Darstellung der Datenschutz- und
   Datensicherungsmaßnahmen

Der im folgenden entwickelte Überblick über notwendige und/
oder ergänzende Maßnahmen verfolgt keinen Anspruch auf lückenlose Darstellung. Ziel dieses Abschnitts ist vielmehr, die
große Menge an Einzelmaßnahmen, die je nach Umständen ergriffen werden können, so zu gliedern und dem Leser darzustellen,
daß die jeweiligen Grundideen der Maßnahmen klar werden. Im
Einzelfall daraus dann die auf die konkrete Situation zutref-
fende Maßnahme zu bestimmen oder bestimmen zu lassen, sollte
leicht fallen.

Die Systematik knüpft an den jeweiligen Objekten der Maßnahmen an. Zwar ist letztlich immer das Ziel, bestimmte Daten
und Informationen zu sichern, der Weg und das unmittelbare
Objekt kann jedoch höchst verschieden sein. So zielen zahlreiche Maßnahmen auf allgemeine organisatorische, betriebsum-
fassende Regelungen. Andere haben die Beschäftigten, die Datenträger oder die konkreten Daten selbst zum Ziel. Diese
Systematik hat den Vorteil, daß die Maßnahmen unabhängig von
der Konfiguration, den betrieblichen Gegebenheit und der jeweils aktuellen Gesetzgebung aufgezeigt werden.

Im Einzelnen befassen sich die folgenden Kapitel mit

1. Allgemeine betriebliche Maßnahmen
2. Maßnahmen in den Fachabteilungen
3. Maßnahmen in der DV-Abteilung
4. Personenbezogene Maßnahmen
5. Gerätebezogene Maßnahmen
6. Datenträgerbezogene Maßnahmen
7. Daten- und programmbezogene Maßnahmen.

1. Allgemeine betriebliche Maßnahmen

Dieses Kapitel behandelt

1.1. Einrichtung besonderer Stellen
1.2. Festlegung von Sicherheitsstufen und Berechtigungs-
     Schemata
1.3. Belegorganisation
1.4. Sicherung nach außen

1.1. Einrichtung besonderer Stellen

1.1.1 Der betriebliche Datenschutzbeauftragte

Nach § 28 BDSG ist für Unternehmungen, die personenbezogene
Daten verarbeiten oder im Auftrag verarbeiten lassen und hierbei eine bestimmte Mindestzahl von Arbeitnehmern beschäftigen
(5 bei ADV, 20 bei nicht-automatisierter Verarbeitung), die
Bestellung eines "Beauftragten für den Datenschutz" zwingend
vorgeschrieben. Damit ergeben sich die organisatorischen
Probleme

- der Auswahl einer geeigneten Person,
- der Einordnung des Beauftragten in die Unternehmungs-
  hierarchie und
- der Festlegung seiner Aufgaben und Befugnisse.

§ 28, Abs. 2 BDSG schreibt vor, daß zum Beauftragten für den
Datenschutz nur bestellt werden darf, wer "die zur Erfüllung
seiner Aufgaben erforderliche Fachkunde und Zuverlässigkeit
besitzt".

Die recht globale Forderung nach "Fachkunde" läßt sich in drei
Teilbereichen konkretisieren:

(1) <u>Technische Kenntnisse</u>

Die Erfüllung seiner Aufgaben erfordert gewisse technische Kenntnisse der Datenverarbeitung. Hierbei sind nicht so sehr Spezialkenntnisse als vielmehr das Wissen um die Zusammenhänge in computergestützten Informationsystemen und die Fähigkeit, Schwachstellen und Probleme zu erkennen und zu beseitigen, von Bedeutung.

(2) <u>Organisatorische Kenntnisse</u>

Der Datenschutzbeauftragte muß mit der organisatorischen Struktur der Unternehmung (Über- und Unterstellungsverhältnisse, Aufgaben, Informationsbedarf etc.) und den Entscheidungsabläufen vertraut sein.

(3) <u>Juristische Kenntnisse</u>

Um die Ausführung der Bestimmungen des BDSG gewährleisten zu können, sind schließlich auch juristische Kenntnisse notwendig, z.B. zur Beurteilung der rechtlichen Voraussetzungen für die Berichtigung, Löschung und Sperrung von Daten.

Das Kriterium der 'Zuverlässigkeit' ist sehr wichtig, weil der Datenschutzbeauftragte aufgrund seiner Stellung und seines Aufgabengebietes eine besondere Vertrauensposition einnimmt. Deshalb sollten folgende Anforderungen an die persönlichen Eigenschaften erfüllt sein:

- Integrität und Loyalität gegenüber der Unternehmung
- Führungsqualitäten wie Durchsetzungsfähigkeit, Menschenführung, Entscheidungsfähigkeit, Koordinationsvermögen
- pädagogisches Talent im Rahmen seiner Schulungsaufgaben.

Wird ein Mitarbeiter, der bereits andere Funktionen in der Un-

ternehmung erfüllt, zum Datenschutzbeauftragten bestellt, so
ist besonders auf die Vermeidung von Interessenkonflikten zu
achten.

Das Gesetz schreibt vor, daß der Datenschutzbeauftragte unmittelbar unter der obersten Leitungsebene eingeordnet werden muß
(§ 28, Abs. 3). Es liegt im Ermessen der Unternehmung, welche
Aufgaben und Befugnisse sie dem Datenschutzbeauftragten für
die Ausübung seiner Tätigkeit überträgt.

Die Unternehmung ist nach § 28, Abs. 4 BDSG gehalten, den Datenschutzbeauftragen "bei der Erfüllung seiner Aufgaben zu unterstützen". Dies bedeutet, daß von der Unternehmungsleitung
eine geeignete materielle (Büroräume, Büromaschinen etc.) und
personelle Ausstattung (z.B. beratende Gremien, Assistenten,
Sekretärinnen) bereitzustellen ist.

Der Tätigkeitsbereich des Datenschutzbeauftragen kann in zwei
Komplexe eingeteilt werden, die ineinander übergreifen. Es
handelt sich um die in § 29, Satz 1 global geforderte Sicherstellung der Ausführung der gesetzlichen Bestimmungen und um
die in den Ziffern 1. bis 4. des gleichen Paragraphen detailliert beschriebenen Einzelaufgaben. Dazu können gehören[1]
Aufgaben, die dem Beauftragten direkt aus dem BDSG zuzuordnen
sind:

    - Verpflichtung der Mitarbeiter auf das Datengeheimnis
      (nach § 5).

    - Erstellen eines Maßnahmekatalogs zur Sicherstellung
      der technischen und organisatorischen Maßnahmen der
      Datensicherung (nach § 6 und Anlage).

---

1) Vgl. Datenschutzberater, Nr. 3/1978, S. 35-36 (und Nr.
   2/1978, S. 25)

- Überwachung der sorgfältigen Auswahl des Auftragnehmers bei der Vergabe von Datenverarbeitungsaufgaben (nach § 22, Abs. 2, Satz 2 in Verbindung mit § 6).

- Prüfung der zur Verarbeitung gelangenden personenbezogenen Daten auf Zulässigkeit der Speicherung, Übermittlung und Veränderung (nach §§ 23 - 25 und 32, 33 in Verbindung mit § 3).

- Aufstellen von Richtlinien über die Auskünfte an Betroffene nach §§ 26 und 34 in Verbindung mit § 4).

- Mitarbeit bei der Entwicklung von Verfahren zur Berichtigung, Löschung und Sperrung von personenbezogenen Daten (nach §§ 27 und 35).

- Führung von Übersichten über die gespeicherten personenbezogenen Daten, über die regelmäßigen Empfänger dieser Daten sowie über die Art der eingesetzten Datenverarbeitungsanlagen (nach § 29, Abs. 1).

- Überwachung der ordnungsgemäßen Anwendung der Datenverarbeitungsprogramme, Datenschutz-Prüfung und -Freigabe neuer DV-Projekte in Zusammenarbeit mit den Fachabteilungen (nach § 29, Abs. 2).

- Entwicklung von Schulungsunterlagen und Schulung aller Mitarbeiter, die bei der Verarbeitung personenbezogener Daten tätig sind, um sie mit den besonderen Erfordernissen des Datenschutzes vertraut zu machen (nach § 29, Abs. 3).

- Mitwirkung bei der Auswahl der in der Verarbeitung
  personenbezogener Daten einzusetzenden Mitarbeiter
  (nach § 29, Abs. 4).

Zusätzliche Aufgaben, wenn der vierte Abschnitt des
BDSG Anwendung findet:

- Führung von Übersichten über auftragsbezogene Datenverarbeitung, BDSG-konforme Überprüfung der Auftraggeber, Überwachung der verarbeitenden Stellen derart,
  daß die Verarbeitung personenbezogener Daten nach Anweisung des Auftraggebers und nach den Datenschutz-
  Richtlinien vollzogen wird (nach § 37 in Verbindung
  mit § 1, Abs. 1).

- Koordinierung und Kontrolle der Meldungen an die
  Aufsichtsbehörde (nach § 39).

Aufgaben, die über das BDSG hinausgehen:

- Überwachung (Koordinierung) aller weitergehenden Datensicherungsmaßnahmen, (z.B. Katastrophen- und
  Brandschutzpläne bei der Datenverarbeitung - auch
  für nicht personenbezogene Daten).

- Überwachung der Geheimhaltung von Geschäfts-, Pro-
  duktions- und sonstiger Daten im Eigeninteresse der
  Unternehmung.

- Anpassung und Weiterentwicklung der Datenschutz-/
  Datensicherungsgrundsätze.

- Beratung der Unternehmensleitung und der Fachabteilungen in allen Fragen des Datenschutzes und der Datensicherheit, einschließlich der Einsatzmöglichkeiten neuer Verfahren und Methoden; Mitarbeit zu einer entsprechenden Gestaltung von Formularen und Formularwesen.

- Aufbau einer Zentralablage über Datenschutzverletzungen.

- Bildung, Leitung und Einberufung eines Datenschutzausschusses zur gemeinsamen Behandlung und Klärung von Datenschutz- und Datensicherungsfragen; Sammlung von Literatur und Rechtsvorschriften.

Ausgangspunkt für die Festlegung der Kompetenzen ist § 28, Abs. 3 BDSG, der den Datenschutzbeauftragten der Unternehmensleitung direkt unterstellt, ihm aber gleichzeitig Weisungsfreiheit garantiert. Da die Unternehmensleitung für die Durchführung der gesetzlichen Bestimmungen verantwortlich ist, werden ihr auch Entscheidungskompetenzen zugebilligt, die allerdings in der Weisungsfreiheit des Datenschutzbeauftragten in seinem Tätigkeitsbereich ihre Grenzen finden. In diesem Zusammenhang erfüllt der Beauftragte eine Beraterfunktion, die ihm einerseits ein Anhörungsrecht einräumt, ihn aber andererseits einer Rechenschaftspflicht gegenüber der Unternehmensleitung unterwirft.

In Abhängigkeit von den zugewiesenen Aufgaben sollten die Befugnisse des Datenschutzbeauftragten in einer Stellenbeschreibung genau definiert werden. Solche Befugnisse sind beispielsweise:

- direktes Vortragsrecht in Fragen des Datenschutzes und
  der Datensicherung bei der Unternehmensleitung
- direktes Einspruchs- und Kontrollrecht im Hinblick auf
  Datenschutz und Datensicherung
- Empfehlungsrecht im Datenschutz- und Datensicherungsbe-
  reich gegenüber den zuständigen Führungskräften
- Mitwirkungsrechte bei der Personalauswahl (§ 29, Ziffer
  4. BDSG).

1.1.2 Datenschutzausschuß

Zur Unterstützung des Datenschutzbeauftragten kann von der Un-
ternehmungsführung ein Datenschutzausschuß eingerichtet werden, dessen Mitglieder den Abteilungen angehören, in denen
sensible Daten verarbeitet werden oder zu deren Aufgaben die
Durchführung von Datensicherungsmaßnahmen gehört.

Ein solcher Ausschuß bietet folgende Vorteile:
- Risikobereiche und Schwachstellen, die durch Datensicherungsmaßnahmen abzudecken sind, werden umfassender und
  leichter erkannt.

- auftretende Widerstände gegen Sicherungsmaßnahmen können problemloser abgebaut werden.

Das Aufgabengebiet des Ausschusses erstreckt sich von der Analyse einzelner Risikobereiche, der Entwicklung und Implementierung geeigneter Sicherungsmaßnahmen und der Kontrolle der
Wirksamkeit und Zweckmäßigkeit vorhandener Maßnahmen bis zur
Prüfung neuer Maßnahmen und Sicherungsverfahren. In vielen
Fällen kann dieses Gremium eine Hilfsfunktion für den Datenschutzbeauftragten ausüben.

Der Datenschutzausschuß sollte einen regelmäßigen Arbeitsbericht vorlegen. Darüberhinaus sollte ihm eine ausdrückliche Berichtspflicht gegenüber der Unternehmungsleitung in folgenden Fällen zukommen:

- bei einer erheblichen Verzögerung von zeitlich festgelegten Maßnahmen
- bei Kostenüberschreitungen ab einer bestimmten Höhe
- bei gravierenden Verstössen gegen gesetzliche oder innerbetriebliche Datenschutz- und Datensicherungsvorschriften
- bei der Einschaltung der Aufsichtsbehörde durch einen Betroffenen.

1.2 Festlegung von Sicherheitsstufen und Berechtigungs-Schemata

Dieser Abschnitt enthält folgende Punkte:

1.2.1 Sicherheitsstufen für Daten
1.2.2 Klassifikation des Personals
1.2.3 Klassifizierung der Berechtigungen

1.2.1 Sicherheitsstufen für Daten

Eine Klassifizierung der betrieblichen Daten nach Sicherheitsanforderungen dient zwei Hauptzwecken: Zum einen soll die Weitergabe bestimmter Daten an Unbefugte durch die Festsetzung eines Geheimhaltungsgrades erschwert werden. Zum anderen sollen die Daten in Abhängigkeit von ihrer Bedeutung durch unterschiedlich gewichtige Maßnahmen vor materiellem (Beschädigung, Zerstörung, Verlust) und immateriellem Schaden (Verfälschung, Vernichtung, Manipulation) bewahrt werden.

Vor einer Einteilung der Daten in Klassen müssen die zu schützenden Daten bestimmt und verbindliche Richtlinien für eine Festlegung der Sicherheitsstufen erstellt werden.

Zunächst muß die Zuständigkeit für die Zuordnung der Daten zu Sicherheitsstufen eindeutig festgelegt werden. Es bietet sich an, diese Aufgabe dem Datenschutzbeauftragten zu übertragen, wobei den Fachabteilungen ein Vorschlagsrecht einzuräumen ist. Eine zentrale Koordination ist notwendig, um völlig subjektive und damit unvergleichbare Beurteilungen auszuschließen. Weiterhin müssen eindeutige und praktikable Kriterien für die Einordnung in Klassen aufgestellt werden. Die Richtlinien sollten eine regelmäßige Überprüfung vorsehen, um sie laufend an Veränderungen der Situation anzupassen.

Die Kriterien für die Klassifikation der Daten sollten mindestens nach folgenden Gesichtspunkten festgelegt werden:

(1) <u>Vertraulichkeit</u>
Wichtige Grundlage für die Festlegung des Geheimhaltungsgrades ist das beim Umgang mit den Daten zu wahrende Maß an Vertraulichkeit. Neben dem Schutz personenbezogener Daten kann auch die Geheimhaltung sachbezogener Daten aus dem Produktions-, Vertriebs- oder Finanzbereich eine betriebliche Notwendigkeit sein.

(2) <u>Informationsbedürfnis der Mitarbeiter</u>
Für die Mitarbeiter sind Daten zur ordnungsgemäßen Erfüllung ihrer Aufgaben notwendig. Dieses Informationsbedürfnis ist bei der Zuordnung zu berücksichtigen, da die Klassifizierung der Daten zu einer Beschränkung

der Weitergabe von Informationen an bestimmte Gruppen
von Mitarbeitern führt.

(3) <u>Zerstörbarkeit von Daten</u>
Beschädigung, Zerstörung oder Verlust von Datenträgern
sowie Verfälschung, Manipulation oder Vernichtung von
Daten können beträchtliche Auswirkungen auf die betrieblichen Abläufe haben. In Abhängigkeit von der Bedeutung der Daten für die Unternehmung sowie von ihrer
Rekonstruierbarkeit sollte deshalb eine Zuordnung erfolgen, die die Sicherheitsstufe an der Höhe des Scha-
densrisikos orientiert.

Die durch die Klassifikation gebildete Datenhierarchie muß
schriftlich fixiert werden, um als Kontrollmittel zur Verfügung zu stehen. Dabei bietet sich an, die Dokumentation mit
der nach § 29, Ziffer 1 BDSG vom betrieblichen Datenschutzbeauftragten zu erstellenden Übersicht über die gespeicherten
personenbezogenen Daten zu integrieren. Bestandteile dieser
Dokumentation sollten neben der Klasseneinteilung

(1) die Herkunft der Daten (vgl. §§ 27, 35, 6 BDSG)

(2) der Mitarbeiterkreis, der Zugang zu den jeweils verschieden eingestuften Daten haben soll (vgl. §§ 5,
23-25 BDSG), sowie

(3) die Stellen, an denen die Daten geführt werden (vgl.
§§ 26, 27 BDSG) sein.

Die klassifizierten Daten selbst müssen stets einen Vermerk
tragen, aus dem hervorgeht, welcher Sicherheitsstufe sie zugeordnet sind.

Eine stets auf dem aktuellen Stand gehaltene Dokumentation der
Klassifizierung kann zur Kontrolle der Einhaltung von Siche-
rungsvorschriften herangezogen werden. Außerdem trägt sie zur
Erfüllung einiger Erfordernisse des BDSG bei, z.B. zur Feststellung der Fristen, in denen die Daten aufbewahrt oder nach
denen sie gelöscht werden (§§ 27 und 26 BDSG).

1.2.2 Klassifikation des Personals

Eine genaue Festlegung der aus den Aufgaben abzuleitenden Befugnisse der Mitarbeiter ergibt sich unmittelbar aus dem Bundesdatenschutzgesetz, da § 5 den innerhalb einer speichernden
Stelle bei der Datenverarbeitung beschäftigten Personen eine
Nutzung personenbezogener Daten "zu einem anderen als dem zur
jeweiligen rechtmäßigen Aufgabenerfüllung gehörenden Zweck"
verbietet. Hierbei geht es nicht nur um eine 'Benutzerklassi-
fizierung' für das ADV-Personal, sondern auch um eine solche,
die sich auf die Mitarbeiter in den Fachabteilungen erstreckt.
Klassifikation von Daten und Personal ergänzen einander: Die
Einteilung der Daten können sich nur dann voll auswirken, wenn
den "Datenklassen" entsprechende "Benutzerklassen" zugeordnet
werden.

Analog zur Datenklassifizierung erfolgt die Einteilung auch
hier nach vorher festzulegenden Richtlinien und unter Anwendung bestimmter Kriterien.

Der Aufwand für eine detaillierte Festlegung der Befugnisse
sollte nicht unterschätzt werden. Insbesondere müssen laufende
Anpassungen an organisatorische Änderungen (Versetzungen, Neu-
einstellungen, Ausscheiden von Mitarbeitern etc.) vorgenommen
werden.

Für die Bestimmung des Personenkreises, der in eine Berechti-
gungs-Hierarchie einbezogen werden soll, ist von § 5 BDSG auszugehen, der auf die "bei der Datenverarbeitung beschäftigten
Personen" innerhalb der speichernden Stelle abzielt. Hierzu
zählen alle Mitarbeiter, denen sich aufgrund ihres Aufgabengebietes grundsätzlich die Gelegenheit bietet, sensible Daten
zu verarbeiten, zur Kenntnis zu nehmen oder sonst zu nutzen.
Entscheidend ist die faktische Möglichkeit, nicht, ob sie im
Rahmen der Aufgabenerfüllung gegeben, ob sie erlaubt oder ver-
boten sind.

Die folgende Übersicht gibt an Hand der Kontrollarten 1 bis 9
der Anlage zu § 6 BDSG eine grobe Orientierung über die jeweils berechtigten Personen.

Kontrollart	zu sichernde Elemente des DV-Systems	Berechtigter Funktionsträger
1. Zugangskontrollen	Räumlichkeiten der DV-Anlage und alle Peripheriegeräte	* RZ-Leitung, Operator, Programmierer, Archivpersonal, Transport und Versand, Wartung, Reinigung, DSB, Sicherheitsdienst, Hilfsfunktionen ** Mitarbeiter aus den Fachabteilungen, Wartung, Reinigung, DSB, Sicherheitsdienst
2. Abgangskontrolle	Datenträger und deren Aufbewahrungsräume	* Archivpersonal, Operator, Versand, Wartung, Reinigung, DSB, Sicherheitsdienst ** Mitarbeiter aus den Fachabteilungen, DSB
3. Speicherkontrolle	Hauptspeicher und externe Speicher bei Stapel- und Online-Verarbeitung, Datenein- und -ausgabegeräte	Operator, Programmierer, Mitarbeiter aus den Fachabteilungen mit spezieller Befugnis (Verarbeitungsart)
4. Benutzerkontrolle	selbsttätige Einrichtungen (OnLine-Betrieb), Verbundnetze von Datenverarbeitungssystemen, Terminals	Operator, Programmierer, Mitarbeiter aus den Fachabteilungen, Dritte

Kontrollart	zu sichernde Elemente des DV-Systems	Berechtigter Funktionsträger
5. Zugriffskontrolle	selbsttätige Einrichtungen (On-Line-Betrieb)	Operator, Programmierer, Mitarbeiter aus den Fachabteilungen mit spezieller Befugnis (Zugriff auf bestimmte Daten)
6. Übermittlungskontrolle	selbsttätige Einrichtungen (On-Line-Betrieb)	Wartungspersonal, Dritte
7. Eingabekontrolle	Eingabegeräte	* Operator und Mitarbeiter aus den Fachabteilungen ** Mitarbeiter aus den Fachabteilungen
8. Auftragskontrolle	Rechenzentrum des Auftragnehmers bei DV-Auftrag	RZ-Personal des Auftragnehmers, Transport und Versand, Archivpersonal
9. Transportkontrolle	1) Ein- und Ausgabegerät von Sender und Empfänger bei Datenfernverarbeitung und Übertragungswege 2) Datenträger und deren Transportwege	Operator, Programmierer, Mitarbeiter aus den Fachabteilungen, Transport, Versand, Archivpersonal

* bei Closed-Shop-Betrieb
** bei dezentraler Datenverarbeitung

Ausgangspunkt für die Festlegung der Befugnisse der einzelnen
Mitarbeiter sind die von ihnen zu erfüllenden Aufgaben. Welche
Befugnisse und Berechtigungen zur Aufgabenerfüllung notwendig
sind, kann am besten von der jeweiligen Fachabteilung beurteilt werden, in der der Mitarbeiter tätig ist. Die Vorschläge
der Fachabteilungsvertreter sollten deshalb Basis der Berechti-
gungszuweisung sein.

Von Einfluß auf die Wirksamkeit des Sicherungssystems ist vor
allem die zeitliche Einschränkung der Befugnisse. Deshalb
sollte grundsätzlich ein Zeitraum festgelegt werden, für den
die zugewiesenen Berechtigungen Gültigkeit haben. Die erneute
Kompetenzzuweisung sollte nur nach wiederholter Beurteilung
der Situation erfolgen. Bei Festlegung der Länge dieser Perio-
de ist zu berücksichtigen, daß der organisatorische Aufwand
bei einer häufigen Überprüfung der Befugnisse schnell an-
steigt.

Zu beachten ist weiterhin die Einbeziehung von Ausnahmesitua-
tionen wie der Vertretung eines Mitarbeiters im Urlaubs- oder
Krankheitsfall. In solchen Fällen muß festgelegt sein, wer im
Vertretungsfall berechtigt wird.

Als Organisationsmittel zur Festlegung der Berechtigungs-Klas-
sifikation kommen Organisationspläne, Stellenpläne und Stellenbeschreibungen in Betracht. Es handelt sich hierbei um
Organisationsmittel mit Anweisungscharakter:

(1) Organisationsplan
    Ein Organisationsplan fixiert meist in graphischer
    Darstellung den Gliederungsaufbau der Unternehmung.
    Die durch die Datenschutz- und -sicherungsmaßnahmen
    veränderten Strukturen (z.B. Ernennung des DSB,

Neuordnung von Kompetenzen) müssen in den Organisationsplan integriert werden.

(2) <u>Stellenplan</u>
Bestandteile eines Stellenplanes sollten die Bezeichnung der Abteilung, der Stelle und des Tätigkeitsbereiches sowie die Funktionsbezeichnung, der Name und die Befugnisarten sein. Die Abgrenzung der Aufgaben und Verantwortungsbereiche und die Besetzung der Stellen mit personellen Funktionsträgern geben dem Stellenplan den Charakter einer Anweisung.

(3) <u>Stellenbeschreibung</u>
Stellenbeschreibungen dienen in erster Linie der Schaffung und Bekanntgabe einer klaren, lückenlosen und überlappungsfreien Zuständigkeitsordnung. Folgende Angaben sollten fixiert werden: Bezeichnung der Stelle; Über- und Unterordnungsverhältnisse; Kompetenzen und Verantwortungsbereiche; Befugnisarten mit zeitlicher Begrenzung und Delegationsregelung; Vertretungsregeln (Urlaub, Krankheit).

Neben diesen Organisationsmitteln mit Anweisungscharakter sind solche mit einer Dokumentationsfunktion einzusetzen. Dazu gehören:

(1) <u>Aufgabengliederungsplan</u>
(graphische Darstellung der Zerlegung in Teilaufgaben)

(2) <u>Funktionsdiagramm</u>
(weitere Detaillierung mit symbolischer Darstellung von Funktionen)

(3) <u>Kommunikationsdiagramm</u>
   (Art, Richtung und Intensität der Kommunikationsbe-
   ziehungen zwischen den Abteilungen)

Die Übersichten in graphischer Form erleichtern das Auffinden
sicherheitsrelevanter Problembereiche und damit die Analyse
und die Kontrolle von Schwachstellen.

1.2.3. Klassifizierung der Berechtigungen

Bei der Festlegung von Datensicherheitsstufen und von Mitar-
beitereinstufungen in die betriebliche Berechtigungs-Hierar-
chie kann sich eine Vielzahl von Befugnisarten, von Zugriffs-
objekten und von berechtigten Mitarbeitern ergeben. Dies wirft
vor allem bei großen Unternehmungen Übersichtsprobleme auf.

Mit der Erfassung der Zuordnung von Berechtigungsarten zu Mitarbeitern einerseits und zu den DV-Objekten andererseits kann
zur besseren Orientierung eine Matrix-Darstellung verwendet
werden:

	$O_1 \ldots O_n$	$A_1 \ldots A_n$	$FA_1 \ldots FA_n$	$FB_1 \ldots FB_n$	$W_1 \ldots W_n$
DATEN UND PROGRAMME					
(ZUGRIFF)					
Datenbank A					
Datei A					
Satz A					
Satz B					
...					
Datei B					
...					
Datenbank B					
...					
Programm A					
Routine A					
Routine B					
...					
Programm B					
...					

$O_1 \ldots O_n$ = Operatoren
$A_1 \ldots A_n$ = Anwendungsprogrammierer
$FA_1 \ldots FA_n$ = Mitarbeiter der Fachabteilung A
$FB_1 \ldots FB_n$ = Mitarbeiter der Fachabteilung B
$W_1 \ldots W_n$ = Wartungstechniker
usw.

	$O_1 \ldots O_n$	$A_1 \ldots A_n$	$FA_1 \ldots FA_n$	$FB_1 \ldots FB_n$	$W_1 \ldots W_n$

BEREICHE (ZUGANG)
 	
Rechenzentrum
  Sicherheitszone A
  Sicherheitszone B
  ...
Datenträger-Archiv
Datenerfassung
Fachabteilung A
Fachabteilung B
...					

DATENTRÄGER (ABGANGS-
UND EMPFANGSKONTROLLE)
 	
Pers. lesbare Datentr.
  Sachgebiet A
  Sachgebiet B
  ...
Masch. lesbare Datentr.
  Sachgebiet A
  Sachgebiet B
  ...					

GERÄTE (BENUTZUNG) Terminal A Terminal B ...					

Im dargestellten Beispiel enthält die Matrix spaltenweise die
DV-Objekte als Mittel zur Aufgabenerfüllung; zeilenweise sind
die berechtigten Mitarbeitergruppen aufgeführt. Die Wahl der
untersten Gliederungsebene bei den Zugriffsrechten als Elementen einer solchen Sicherheitsmatrix und bei den Datenob-
jekten hängt vom Sicherheitsinteresse der Unternehmung, von
deren Organisationsgrad und von der Einschätzung des daraus
resultierenden Aufwands ab.

1.3. Belegorganisation

Einen wesentlichen Anteil an der Gewährleistung der Sicherheitsanforderungen kann eine genau durchdachte Organisation des
Belegwesens darstellen. Notwendig sind dafür eindeutige Regelungen für die Gestaltung von Belegen, deren Verwendung, Aufbewahrung und Vernichtung sowie die Kontrolle ihres Durch-
laufs (Belegfluß).

Dieser Abschnitt enthält folgende Punkte:

1.3.1. Organisation der Datenerfassung und -eingabe
1.3.2. Beleggestaltung
1.3.3. Belegverwendung
1.3.4. Belegfluß

1.3.1. Organisation der Datenerfassung und -eingabe

Die Organisationsform von Erfassung und Eingabe bestimmt die
Entstehung und Gestaltung entsprechender Belegarten entschei-
dend. Grundsätzlich stehen folgende Möglichkeiten zur
Disposition:

- Die Daten werden über ein Peripheriegerät direkt, d.h.
  ohne vorherige Fixierung auf einem Urbeleg, in das
  System eingegeben.

- Die Daten werden zunächst auf maschinell lesbaren Datenträgern erfaßt und in einem weiteren Arbeitsgang in die
  ADV-Anlage eingegeben.

- Nach Erfassung der Daten auf nicht maschinell lesbaren
  Datenträgern erfolgt entweder die direkte Eingabe oder
  eine Umcodierung auf maschinell lesbare Datenträger.

Durch die Wahl einer direkten Erfassungs-/Eingabeform werden
die bis zur Eingabe in das ADV-System anfallenden Erfassungs-
und Aufbereitungsprozesse reduziert, um die Zahl der mit den
Daten umgehenden Mitarbeiter und damit das Mißbrauchsrisiko
möglichst niedrig zu halten. Dagegen ist bei einer mehrmali-
gen Erfassung der Daten auf Belegen der Kontroll- und Abstimmungsaufwand erheblich größer. Auch eine Dezentralisierung
der Dateneingabe, d.h. das Prinzip, die Daten direkt am Ort
ihres Entstehens einzugeben, führt zu einer Minimierung der
Erfassungsschritte. Dies kann durch Installation von Terminals oder sonstigen Eingabegeräten ermöglicht werden. Allerdings erfordert eine konsequente Dezentralisierung hohe Kosten
und ist deshalb aus Sicherheitsgründen allein nicht immer
zweckmäßig.

1.3.2. Beleg-Gestaltung

Beim Entwurf von Belegformularen und -vordrucken sind einige
Grundsätze zu beachten, um die Wirksamkeit von Vorgaben und
Kontrollen bei der Belegbearbeitung zu gewährleisten.

(1) <u>Erfassungsgerechter Aufbau der Belege</u>
Anzustreben ist vor allem eine übersichtliche und maschinengerechte Gestaltung der Belege. Um Unklarheiten
bei den Eintragungen zu vermeiden, empfiehlt sich eine
präzise Abgrenzung und eindeutige Bezeichnung der Eintragungsfelder. Aus dem gleichen Grund sollten wenig
'Mehrzweck-Formulare' verwendet werden.

(2) <u>Verwendung farbiger Belege</u>
Obwohl damit die Aufmerksamkeit Unbefugter auf zu sichernde Daten gelenkt werden kann, sollte eine farblich unterschiedene Gestaltung der Belege entsprechend den auf ihnen zu erfassenden Datenkategorien
erfolgen. Hierdurch wird die Feststellung einer unzulässigen Bearbeitung erheblich vereinfacht.

(3) <u>Minimierung erläuternder Angaben</u>
Die Gestaltung der Belege kann im Einzelfall so vorgenommen werden, daß die Einsicht in bereits ausgefüllte oder bearbeitete Belege Rückschlüsse auf die
weitere Verwendung der entsprechenden Daten nur begrenzt zuläßt. Dies sollte etwa durch Verzicht auf
erläuternde Angaben (etwa Bezeichnung von Datenfeldern oder Ausdruck von Ausfüllanweisungen) geschehen.
Es kann dann bei der weiteren Verarbeitung notwendig
sein, Schablonen zu benutzen, um die Belege sinnvoll
verarbeiten zu können. Als Alternative bietet sich
eine Zahlenverschlüsselung an, wobei sich die zu
einer Zahl gehörende Bezeichnung aus einer separaten
Ausfüllanweisung ergibt.

(4) <u>Reduzierung von Beleg-Durchschlägen</u>
Um den Kontroll- und Abstimmungsaufwand zu reduzieren

und die Gefahr des unbefugten Entfernens von Belegen
einzuschränken, sollte die Zahl der Formulardurch-
schläge so weit wie möglich reduziert werden. Außerdem
sollte der Durchschlag so gestaltet sein, daß er nur
die Daten enthält, die von den Empfängern benötigt
werden.

1.3.3. Belegverwendung

Der Kontrolle der Belegverwendung dienen Maßnahmen, durch die
eine ordnungsgemäße Bearbeitung der Belege sichergestellt und
der Belegfluß datensicherungsgerecht gestaltet und dokumentiert wird.

(1) <u>Festlegung der Beleg-Bearbeitung</u>
Entsprechende Anweisungen sind für Vorgehensweise und
Zuständigkeit bei Änderung und Entwertung von Belegen
zu treffen. Besondere Abzeichnungsvorschriften sollten
für Belege mit sensiblen Daten gelten.

(2) <u>Belegmuster</u>
Die Eindeutigkeit der Ausfüllanweisungen kann durch
die Verwendung von Belegmustern gesteigert werden. Die
Muster sollten jedoch nur den Stellen zur Verfügung
stehen, die sie wirklich benötigen.

(3) <u>Belegverzeichnis</u>
Um den Weg der Belege verfolgen zu können, führt jede
Stelle ein Verzeichnis der Belege, die bei ihr eingehen, bearbeitet und weitergeleitet werden. Wegen des
hohen organisatorischen Aufwandes sollten in ein solches Verzeichnis nur dann Angaben über Absender und

Empfänger des Beleges und dessen Bearbeitungszeit eingetragen werden, wenn es sich um sehr vertrauliche Daten handelt.

(4) <u>Begleitzettel</u>
Für jeden Belegstapel kann ein Begleitzettel erstellt werden, auf dem die empfangende Stelle die Anzahl der Belege, ihren Nummernkreis sowie die inhaltliche Vollständigkeit bestätigt.

(5) <u>Fortlaufende Numerierung</u>
Eine fortlaufende Numerierung der Belege ist für eine einfache Vollständigkeitskontrolle zweckmäßig.

(6) <u>Belegartenplan</u>
Der Belegartenplan ist Grundlage für die Bildung von Abstimmkreisen für jeden Belegtyp, durch den eine leichtere Fehlererkennung möglich wird.

(7) <u>Formularvordrucke</u>
Um eine mißbräuchliche Nutzung von Formularen und Vordrucken zu verhindern, sollten diese zentral gelagert und stets unter Verschluß gehalten werden. Auch können Verwendungsnachweise für Vordrucke sinnvoll sein.

(8) <u>Aufbewahrung der Belege</u>
Nicht mehr verwendete Belege müssen entsprechend den gesetzlich vorgeschriebenen Fristen aufbewahrt werden. Deshalb müssen Regelungen über die Archivierungsform (z.B. als Mikrofilm) und die Archivierungsart getroffen werden.

1.3.4. Belegfluß

Der Belegfluß ist durch eine entsprechende Dokumentation festzuhalten, auf deren Grundlage jederzeit eine lückenlose Rekonstruktion und damit die Überwachung der Stationen des Weges
möglich ist. Zur Unterstützung der Belegflußkontrolle sollten
die Belege entsprechend gestaltet werden. So sollten die einzelnen Stationen eines Arbeitsablaufes auf dem Beleg angegeben
werden, z.B. durch vorgedruckte Felder oder Stempel. Gleichzeitig kann die Bearbeitung durch Namenszeichen, Kennziffer oder
Stempel der einzelnen Mitarbeiter kenntlich gemacht werden.
Der zeitliche Bearbeitungsablauf sollte durch Datumsvermerke
deutlich werden. Insbesondere sollten Vorkehrungen getroffen
werden, die ein langes Liegenbleiben der Belege auf einzelnen
Bearbeitungstationen verhindern, da dies die Gefahr eines Be-
legverlustes erhöht.

Unregelmäßigkeiten in der Bearbeitung müssen Überprüfungen
nach sich ziehen. Letztlich sollten Vorschriften existieren,
die eine Weiterbearbeitung der Belege an die Voraussetzung
knüpfen, daß der Vorgänger einen Bearbeitungsvermerk ange-
bracht hat.

Diese Maßnahmen tragen dazu bei, daß Belege auf ihrem Weg
durch die Unternehmung vor Vernichtung, Veränderung oder Erweiterung geschützt sind. In Ergänzung zum Belegverzeichnis
kann der Weg der verschiedenen Belegtypen auch graphisch dokumentiert werden. Ein derartiger Belegflußplan kann als Unterstützung der Belegverwendungsmaßnahmen dienen.

1.4. Sicherung nach außen

Dieser Abschnitt enthält folgende Punkte:

1.4.1. Bauliche Maßnahmen
1.4.2. Sicherung der Datenübermittlung
1.4.3. Risiko-Einschränkung bei Auftragsverhältnissen

1.4.1. Bauliche Maßnahmen

Sicherungsmaßnahmen an den Gebäuden und ihrer Umgebung sind
für jede Unternehmung aus allgemeinen Schutzgründen selbstverständlich. Liegen besondere Datenschutz- und -sicherungs-
anforderungen vor, so können bauliche Einzelmaßnahmen und
deren Kombination eine zusätzliche Bedeutung gewinnen. Ihre
Wirkung auf die zu sichernden Daten ist naturgemäß indirekt;
die Fülle möglicher Maßnahmen sei im folgenden grob umrissen.

So beziehen sich Sicherungsmaßnahmen am Gebäude selbst in erster Linie auf die vorhandenen Öffnungen: auf Türen, Fenster
und Lichtschächte etc.. Die Außentüren bieten im allgemeinen
folgende Ansatzpunkte für eine besondere Sicherung:

(1) <u>Türrahmen</u>
   Die Türrahmen (-zargen) als mauerseitige Verbindung
   sind besonders zu beachten. Nach Möglichkeit sollten
   Stahlzargen verwendet werden, da diese gegen äußere
   Einwirkungen am widerstandsfähigsten sind und beson-
   ders stabil mit dem Mauerwerk verbunden werden können.

(2) <u>Türblatt</u>
   Die Türblätter der Außentür sollten aus Metall oder

Vollholz bestehen. Glastüren sind z.B. durch Scheren-
gitter und Alarmanlagen zu sichern oder aus Spezial-
glas zu fertigen.

(3) Türbänder
Die Türbänder der Außentüren dürfen nicht von außen
demontierbar sein und sollten ein einfaches Hochheben
des Türblattes verhindern.

(4) Schloß- und Schließbleche
Außentüren sollten mit Sicherheitsschlössern (Sicher-
heitsschloßzylinder nach DIN 18252) versehen sein, deren Schlüssel nicht durch einen normalen Schlüssel-
dienst kopiert werden können. Die Schloß- und Schließbleche müssen fest mit Türblatt und -zarge verbunden
sein.

Bei Fenstern ist zu achten auf:

(1) Fensterrahmen
Für Fensterrahmen sollte Stahl verwendet werden, da
dieser nicht nur gegen äußere Gewalteinwirkung am
widerstandsfähigsten ist, sondern auch besonders stabil mit dem Mauerwerk verbunden werden kann. Bestehen
die Fensterrahmen aus Holz oder Kunststoff, so sind
sie durch - von außen nicht abschraubbare - Stahl-
bänder oder -winkel zu verstärken.

(2) Fensterbeschläge
Die Fensterbeschläge sollten möglichst massiv bzw.
eingelassen sein und mindestens drei Zuhaltungen besitzen. Die notwendigen Verschraubungen sollten mit
Spezialschrauben erfolgen, um eine unbefugte Demontage
zu erschweren.

(3) <u>Fensterverschluß</u>

Ein wirksamer Fensterverschluß setzt eine innenliegende, mindestens an drei Seiten des Fensterflügels angreifende Verriegelung voraus.

(4) <u>Fensterglas</u>

Das im Erdgeschoß und im ersten Stockwerk verwendete Fensterglas sollte nach Möglichkeit bruch- und schußsicher sein. Mit geringerem Aufwand erfüllt häufig eine Zweitscheibe aus Kunststoff eine ausreichende Sicherungsfunktion.

Außer den normalen Mauerdurchbrüchen müssen unter sicherungstechnischen Aspekten auch andere als Zugangsmöglichkeit für Unbefugte geeignete Öffnungen untersucht werden (z.B. Glaseinsätze, Ein- und Auslaßöffnungen der Klimaanlage, Mülltonnenschächte etc.). Grundsätzlich gelten Mauerdurchbrüche, die eine lichte Weite von mehr als 25 Zentimeter haben, als potentielle Gefahrenquellen. Die meisten können durch geeignete Gitter ausreichend gesichert werden.

Bauliche Maßnahmen beziehen sich nicht nur auf die Betriebsgebäude selbst, sondern auch auf die Gebäudeumgebung, besonders die Grundstücksbegrenzung. Sicherungsmittel sind neben Zäunen und Mauern Außenbeleuchtung und geeignete alarmtechnische Anlagen.

1.4.2. Sicherung der Datenübermittlung

Neben technischen Maßnahmen wie der Verlegung von Postleitungen außerhalb der Unternehmung in unterirdischen Kabelkanälen, um ein Anzapfen der Übertragungsleitungen zu erschweren, sind vor allem organisatorische Vorkehrungen zur Übermittlungssicherung zu treffen. Vor allem sind in allgemeiner Weise die Kompetenzen festzulegen für

- die Art der Daten,
- das verwendete Programm,
- die Benutzung von Identifikationsprozeduren,
- die Häufigkeit der Übermittlung und
- die Durchführung der Übermittlung selbst.

Die regelmäßigen Übermittlungsvorgänge sollten mit ihren Charakteristika in Form schriftlicher Organisationsanweisungen festgelegt werden. Ausnahmetätigkeiten sollten durch entsprechende Notizen auch nachträglich festgehalten werden und damit überprüfbar sein.

Einer weiteren Dokumentationsanforderung wird das Empfänger-Verzeichnis gerecht. Aus der in Nr. 6 der Anlage von §6 BDSG enthaltenen Formulierung "... an welche Stellen ... Daten ... übermittelt werden können" ist zu schließen, daß es sich hierbei um Dritte i. S. des Gesetzes handelt.

Ausgangspunkt für ein Empfänger-Verzeichnis ist die Programm- und Verfahrensdokumentation, aus der die notwendigen Daten zu entnehmen sind.

Das gekoppelte Empfänger- und Programmverzeichnis verknüpft wesentliche Aussagen, die Grundlage für einen wirksamen Datenschutz sind. Selbst in einfacher Form wird ein gegenüberstellendes Verzeichnis bereits gute Ansatzpunkte für ein detailliertes Vorgehen bieten:

Empfänger	Programm/Routine	EBENE I
	Art der Daten und Häufigkeit der Übermittlung	EBENE II
	Legitimationsbasis der Übermittlung	EBENE III
	Prüfung des Konfliktfalls	EBENE IV

Aus diesem System ist ersichtlich, daß bei umfangreichen Verzeichnissen das nach § 29 BDSG anzulegende Dateiverzeichnis
ohne weiteres mit dieser Aufzeichnung zu verknüpfen ist, um
die tiefergehenden Ebenen zu realisieren.

Darüberhinaus sind im Rahmen einer Schwachstellenanalyse die
verbleibenden manuellen Tätigkeiten festzustellen. Diese
Kontrollmaßnahmen sind notwendig, weil im manuellen Bereich
direkte Manipulationsgefahren liegen.

Schließlich ist der Gesetzesformulierung "... übermittelt werden können" zu entnehmen, daß nicht nur die tatsächlich
durchgeführten und vorgesehenen Übermittlungsvorgänge zu untersuchen sind sondern auch das Übermittlungspotential (im
Sinne möglicher Datenübermittlung). Deshalb ist sinnvoll, aufgrund der erstellten Dokumentationen Risikoanalysen der DV-
Übermittlungsverfahren anzuschließen, um in den Bereich möglicher Nutzungen vorzustoßen. Voraussetzung ist dafür allerdings, daß das DV-Gesamt-System dokumentiert wird und die

Übermittlungsverfahren in den Gesamtzusammenhang des Daten-
verarbeitungs-Systems gestellt werden.

1.4.3. Risiko-Einschränkung bei Auftragsverhältnissen

Folgende Maßnahmen sind zur Einschränkung von Risiken im
Rahmen bestehender Auftragsverhältnisse möglich:

(1) <u>Sorgfältige Auswahl des Auftragnehmers</u>
Eine wesentliche Präventivmaßnahme ist vorab die Auswahl des Auftragnehmers. Vor allem ist zu prüfen, daß
die Datenverarbeitung des Auftragnehmers grundsätzlich
ordnungsgemäß im Sinne des BDSG erfolgt. Der Auftraggeber sollte sich nicht scheuen, eigene Vorstellungen
zu entwickeln und zum Maßstab für die Wahl des Ver-
tragspartners zu machen.

Betriebsbesichtigungen, die anhand eines Kriterienkataloges
durchgeführt werden, sind ebenso vorzusehen wie Systemprü-
fungen vor der Auftragserstellung. Auch kann die Reaktion
eines potentiellen Auftragnehmers auf entsprechende Frage-
stellungen zum Entscheidungskriterium werden.

Es ist positiv zu bewerten, wenn der Auftragnehmer einen eigenen am BDSG ausgerichteten Maßnahmenkatalog vorweisen kann.
Dies gilt insbesondere für die Fälle, in denen Auftragnehmer
nicht generell unter den Abschnitt IV des BDSG fallen.

(2) <u>Kontrollrecht beim Auftragnehmer</u>
Auf der Grundlage einer entsprechenden Kompetenzregelung kann vereinbart werden, Verarbeitungsprozeduren,

die Programmerstellung etc. beim Auftragnehmer zu
überwachen.

(3) <u>Sanktionen</u>

Unter der Voraussetzung, daß zwischen Auftraggeber und
Auftragnehmer ein Dienstleistungs- oder Werkvertrag
zustande kommt, sollte ein außerordentliches Kündi-
gungsrecht des Auftraggebers vereinbart werden. Auch
wenn ein solches Recht grundsätzlich jedem Vertrags-
partner zusteht, wenn der andere die Pflichten aus dem
Vertrag grob fahrlässig verletzt, sollten für die Auf-
tragskontrolle die Bedingungen verschärft werden. In
der Berücksichtigung von Konventionalstrafen liegt
eine Erweiterung der vertraglichen Verpflichtungen.

2. Maßnahmen in den Fachabteilungen

Dieses Kapitel beinhaltet:

2.1. Allgemein organisatorische Vorkehrungen
2.2. Standort, Raumausstattung und Geräteaufstellung
2.3. Dezentrale Datenausgabe
2.4. Dezentrale Dateneingabe

2.1. Allgemeine organisatorische Vorkehrungen

Dieser Abschnitt enthält folgende Punkte:

2.1.1. Funktionstrennung
2.1.2. Vier-Augen-Prinzip
2.1.3. Periodischer Stellenwechsel (Jobrotation)
2.1.4. Prinzip des 'need-to-know'

2.1.1. Funktionstrennung

Eine genaue Trennung der Funktionen unter Ausschaltung jegli-
cher "Grauzonen" ist nicht nur zwischen, sondern auch innerhalb der einzelnen Fachabteilungen von besonderer Bedeutung
für die Datensicherung. Eine Abgrenzung sollte nicht nur hori-
zontal im Sinne einer Arbeitsteilung nach verschiedenen Sach-
bereichen erfolgen, sondern auch vertikal durch die Trennung
von Anweisung und Kontrolle.

Die genauen Aufgaben und Verantwortlichkeiten können im Zuge
der Mitarbeiterklassifizierung festgelegt werden. Durch die
Definition der Schnittstellen lassen sich Datensicherungsmaßnahmen effektiver einsetzen.

2.1.2. Vier-Augen-Prinzip

Nach dem Vier-Augen-Prinzip sollten bei der Aufgabenerfüllung
grundsätzlich zwei Mitarbeiter zusammenwirken. Dieses Prinzip
erfordert meist keine größeren organisatorischen Änderungen
und ist stets bei der Verarbeitung sensibler Daten ange-
bracht. Dieses Prinzip liegt z.B. auch einem Verbot, betriebliche Aufgaben zu Hause zu erledigen, zugrunde. Das Vier-
Augen-Prinzip mit wechselnden Partnern erschwert eventuelle
Absprachen unter Mitarbeitern.

2.1.3. Periodischer Stellenwechsel (job rotation)

Der periodische Stellenwechsel (job rotation) erweist sich aus
folgenden Gründen als nützlich für Datensicherungszwecke:

- Im Mißbrauchsfall setzt sich der verantwortliche Mitarbeiter der Gefahr aus, daß sein Handeln vom Stellennachfolger sofort erkannt wird.

- Kein Stelleninhaber kann sich unentbehrlich machen und sein Spezialwissen in seinem Aufgabenbereich für Manipulationen nutzen.

2.1.4. Das Prinzip 'need-to-know'

Dieses Prinzip geht davon aus, daß der einzelne Funktionsträger nur die Informationen erhält, die er zur Erfüllung seiner Aufgaben unbedingt benötigt. Der geringe Informationsstand und der fehlende Überblick des Mitarbeiters erschweren mißbräuchliche Eingriffe. Allerdings steht dieses Prinzip dem der job-rotation entgegen, da ein häufiger Stellenwechsel zwangsläufig den Wissenshorizont erweitert.

2.2. Standort, Raumausstattung und Geräteaufstellung

Die Möglichkeiten, durch räumliche Anordnung der Datenstationen und durch besondere Raumgestaltungsmaßnahmen die Einsichtmöglichkeiten Unbefugter zu beschränken, sind vielfältig und in ihren Kosten entsprechend weit gefächert. So kann bereits die Aufstellung etwa eines Bildschirmterminals zur Wand hin, so daß es nur dem (befugten) Benutzer direkte Einsichtmöglichkeiten bietet, eine wirksame Maßnahme darstellen.

Befinden sich in einem Raum mehrere Arbeitsplätze, sollten Schreibtische und Geräte so aufgestellt werden, daß weder von anderen Arbeitsplätzen noch von außerhalb Einblick in zu si-

chernde Daten genommen werden kann. So bietet es sich z.B.
an, die Schreibtische in größeren Abständen voneinander aufzustellen, damit der Sichtkontakt von Arbeitsplatz zu Arbeitsplatz erschwert wird. In größeren Büroräumen empfiehlt sich
etwa das Aufstellen von Trennwänden zwischen den einzelnen
Arbeitsplätzen.

Die Festlegung der Befugnis für die Benutzung der verschiedenen ADV-Geräte in der jeweiligen Abteilung erfolgt im Rahmen
der Berechtigungsklassifizierung. Die Kontrolle wird jedoch
schwierig, wenn eine hardware- oder softwaremäßige Kontroll-
möglichkeit nicht vorgesehen ist. Dann empfiehlt sich die Bekanntgabe der Nutzungserlaubnis für jedes ADV-Gerät an alle in
der Fachabteilung tätigen Mitarbeiter (z.B. durch sichtbares
Anbringen der Namen und Photos der berechtigten Benutzer).
Dagegen sollte auf einen für alle sichtbaren Aushang von Be-
dienungshinweisen ebenso verzichtet werden wie auf das Anbringen von 'Gedächtnisstützen' durch Mitarbeiter am Gerät selbst,
weil dadurch die mißbräuchliche Nutzung des Gerätes erleichtert würde.

2.3. Dezentrale Datenausgabe

Die Ausgabe der Daten in den einzelnen Abteilungen kann entweder durch dort installierte Ausgabegeräte erfolgen oder aber
durch Boten bzw. spezielle Transportmedien. In beiden Fällen
sind ähnliche Maßnahmen der Sicherung sinnvoll:

(1) <u>Genaue Terminierung der Ausgabe</u>
    Durch zeitliche Abstimmung mit der DV-Abteilung kann
    die Ausgabe bestimmter Daten zu festgelegten Zeiten
    erfolgen.

(2) <u>Vermeidung des Ausdrucks von Datensatz-/-feldbezeich-
    nungen</u>
    Indem Daten bei der Ausgabe beziehungslos nebeneinan-
    dergestellt werden, kann ein Nichtbefugter durch
    bloßen Einblick keine Informationen erhalten. Nur mit
    Hilfe von Schablonen oder separat ausgegebenen 'Nut-
    zungsanweisungen' können die Daten ausgewertet werden.

(3) <u>Verwendung einer Übersicht über befugte Empfänger</u>
    Mit Hilfe einer Übersicht, aus der die Empfänger be-
    stimmter Datenarten unter Berücksichtung der Ausgabe-
    zeiten hervorgehen, kann der auch im Output selbst
    vermerkte Adressat nochmals überprüft werden.

(4) <u>Sofortige Vernichtung nicht benötigter Datenträger</u>
    Alle vom Datenempfänger nicht benötigten Verarbei-
    tungsergebnisse sollten umgehend vernichtet werden.

Um zu verhindern, daß produzierter Druck-Output längere Zeit
im Rechenzentrum oder in einem Ausgabeterminal aufbewahrt werden muß und dadurch für Unbefugte Gelegenheit zum Einblick in
den Output entsteht, sollte ein Outputablauf realisiert werden: Druck-Output wird erst erstellt, wenn der Benutzer sich
für ein Ausgabegerät ausgewiesen hat. Ebenso erfolgt die Ausgabe von im Rechenzentrum abgegebenen Batch-Jobs erst dann,
wenn sich der Benutzer auf einem dort befindlichen Terminal
identifiziert hat.

Eine andere Möglichkeit, das Lesen von Druck-Output zu verhindern, besteht darin, die Drucker gegen Sicht abzuschirmen und
den Output in geschlossene Behälter zu leiten. Auf ein Signal
hin, das jeweils das Ende eines Outputs anzeigt, wird das Papier abgetrennt und gleitet durch einen abgeschirmten Schacht

vollständig in den Behälter, der nur von dem betroffenen Benutzer zu öffnen ist.

2.4. Dezentrale Dateneingabe

Dieser Abschnitt enthält folgende Punkte:

2.4.1. Blindeingabe
2.4.2. Timed log-out

2.4.1. Blindeingabe

Bei der Arbeit an Bildschirmgeräten ist die Eingabe von sensiblen Daten, besonders auch von Schlüsseln und Paßworten ein Risiko. Um jegliche Einblicknahme auszuschließen, kann die Wiedergabe auf dem Bildschirm unterdrückt werden (Blindeingabe).

Dieses Verfahren ist allerdings kaum geeignet, größere Datenmengen gegen Einsichtnahme zu schützen. Die Eingabe von privaten Steuerdaten in der Praxis von Steuerberatern oder von medizinischen Daten in Arztpraxen sind hierfür Beispiele.

2.4.2. Timed log-out

Eine besondere Gefahrenquelle bilden Terminals, die durch einen befugten Benutzer zugeschaltet und dann unbeaufsichtigt gelassen werden. Dies kann etwa bei Arbeitsunterbrechungen geschehen (z.B. Rückfragen, Telefonanrufe, Kaffeepausen etc.). Häufig wird das Abschalten der Verbindung (log-out) als lästig

empfunden und deshalb unterlassen oder vergessen. Anstehende
Inputs oder laufende Outputoperationen - z.B. über einen ange-
schlossenen Drucker - sind dann für Unbefugte leicht einzusehen.

Durch das 'timed log-out' wird sichergestellt, daß nach einer
bestimmten Zeit ohne Benutzer-Aktivität die Verbindung unterbrochen wird. Will der Benutzer auf einen Output warten, muß
er auf entspechende Prüfsignale der Anlage reagieren. Diese
Maßnahme ist variierbar: So kann nicht nur die Verbindung ab-
geschaltet, sondern auch die Programmausführung in Abhängigkeit von der Sicherheitsstufe der bearbeiteten Daten und/oder
Programme unterbrochen werden. Außerdem kann das Prüfsignal
unterschiedliche Reaktionen erfordern, z.B. die sofortige Eingabe von Paßwörtern oder Umformungen durch den Benutzer.

3. Maßnahmen in der DV-Abteilung

Dieses Kapitel behandelt:

3.1. Allgemeine organisatorische Vorkehrungen
3.2. Arbeitsvor- und -nachbereitung
3.3. Programmierung
3.4. Zugangs- und Abgangssicherung
3.5. Zentrale Ausgabe, Verarbeitung und Speicherung

3.1. Allgemeine organisatorische Vorkehrungen

3.1.1. Räumliche Aufteilung
3.1.2. Geräteauswahl und -aufstellung
3.1.3. Funktionstrennung

3.1.1. Räumliche Aufteilung

Die Einrichtung von Sicherheitszonen ('interner closed-shops')
beinhaltet die räumliche Trennung der DV-Abteilung in Funktionsbereiche und ist Voraussetzung für die Anwendung zahlrei-
cher Verfahren der Zugangs-, Abgangs- und Zugriffskontrolle.
Anzustreben ist die Unterbringung der verschiedenen Funktions-
gruppen in eigenen, abschließbaren Räumen. Ist der Aufwand
hierfür zu groß, so sollte die Abteilung durch Trennwände, Ge-
rätebaugruppen oder Schränke in für jedermann erkennbare 'Zonen' aufgeteilt werden, zu denen nur die berechtigten Benutzer
Zugang haben.

Außerdem lassen sich folgende Sicherungsmöglichkeiten an-
führen:

- Tragen von unterschiedlicher Arbeitskleidung gemäß der
  Funktionszugehörigkeit,
- Offenes Tragen von Sichtausweisen,
- Anbringen von Photographien der zugangsberechtigten
  Benutzer in jeder Sicherheitszone.

3.1.2. Geräteauswahl und -aufstellung

Die Auswahl der Anlagenkonfiguration erfordert die grundsätzliche Berücksichtigung von Sicherheitsaspekten, denn Zuverlässigkeit und Betriebssicherheit der Geräte sind Grundvoraussetzung für die betriebliche Datensicherung.

Die Anordnung der Hardware-Elemente sollte innerhalb eines
ausreichend großen Raumes erfolgen, in dem Übersichtlichkeit,
optimale Bedienungs- und Materialwege sowie gute Wartungs-
möglichkeiten gewährleistet sind. Eine großzügige räumliche
Aufteilung ermöglicht nicht nur eine bessere Kontrolle aller
Vorgänge, sondern erleichtert auch die Implementierung neuer
zusätzlicher Geräte.

3.1.3. Funktionstrennung

Die Aufbauorganisation der Datenverarbeitungs-Abteilung sollte
so gestaltet werden, daß der einzelne Mitarbeiter durch Aufteilung des Arbeitsprozesses in möglichst viele Arbeitsschrit-
te keine Gelegenheit zu einem nicht kontrollierbaren Eingriff
erhält. Diese Zielsetzung gilt sowohl für die Beziehungen zwischen den Funktionsträgern innerhalb der Datenverarbeitungs-
Abteilung als auch für den Informationsaustausch zwischen dem
Rechenzentrum und den Fachabteilungen, für den die Verantwortungsbereiche ebenfalls genau abgegrenzt sein müssen.

So kann es sich beispielsweise anbieten, die Datenerfassung/ -eingabe unmittelbar in den Fachabteilungen vorzunehmen, um den Transport von Belegen mit vertraulichen Daten zu vermeiden.

Grundsätzlich können folgende innerbetrieblichen Datenverarbeitungs-Funktionen voneinander abgegrenzt werden:

- Datenerfassung/-eingabe
- Arbeitsvorbereitung und Abstimmung
- Programmierung
- Operating
- Archivierung
- Dokumentation

In größeren Rechenzentren kommen weitere Funktionen hinzu, die sich hauptsächlich aus einer Spezifizierung der aufgeführten Bereiche ergeben. Kleinere ADV-Systeme erlauben meist nur eine weniger detaillierte Aufteilung, zumal in Klein- und Mittelbetrieben oft von einer Person mehrere Funktionen ausgeübt werden. Es sollte jedoch nach Möglichkeit die Trennung von Datenerfassung/ -eingabe, Programmierung und Operating realisiert werden.

3.2. Arbeitsvor- und -nachbereitung

Die Arbeitsvor- und -nachbereitung hat die Funktion, die maschinenlesbaren Daten entgegenzunehmen und für die eigentliche Verarbeitung durch die ADV-Anlage aufzubereiten und bereitzustellen. Diese Phase ist für die Sicherung von besonderer Bedeutung, da durch die Übertragung wichtiger Koordinations- und Steuerungstätigkeiten auf die Arbeitsvor-/nachbereitung sowohl den Benutzern als auch dem Operating die Möglichkeit zu selbständigen Eingriffen in den Verarbeitungsprozeß genommen werden kann.

Dieser Abschnitt enthält folgende Punkte:

3.2.1. Planung des Verarbeitungsablaufs
3.2.2. Kontrolle des Verarbeitungsablaufs
3.2.3. Terminplanung
3.2.4. Arbeitsnachbereitung

3.2.1. Planung des Verarbeitungsablaufs

Im Rahmen der Vorbereitung der einzelnen Verarbeitungsläufe sollten die notwendigen Aktivitäten detailliert festgelegt und kontrollierbar gestaltet werden. Im einzelnen sind dabei folgende Tätigkeiten von Bedeutung:

- Zusammenstellung, Kontrolle und Bereinigung der von der Datenerfassung bzw. von den Fachabteilungen entgegengenommenen Datenträger anhand der Kontrollbelege.

- Bereitstellung der auf externen Datenträgern gespeicherten Programme und Dateien anhand der gültigen Pläne.

- Bereitstellung der Druckformulare und des sonstigen Materials nach voraussichtlichem Bedarf.

- Zusammenstellung der Unterlagen für das Operating (Operatorhandbuch, Maschinenbelegungsplan, Arbeitsanweisungen, Kontrollbelege, mit Angabe der befugten Empfänger).

- Gesicherte Aufbewahrung von Datenträgern, Material und Unterlagen bis zur Übergabe an das Operating.

- Kontrolle der Verwendung des ausgegebenen Materials und ggf. Einziehen von nichtverbrauchtem Material nach Abschluß der Arbeiten (z.B. bei Überweisungsvordrucken).

3.2.2. Kontrolle des Verarbeitungsablaufs

Nach Übergabe der erforderlichen Unterlagen durch die Arbeitsvorbereitung erfolgt die eigentliche Verarbeitung der Daten. Einige wichtige Sicherheitsvorkehrungen können maschinenintern durch Steuer- und Dienstprogramme sowie durch hardwaremäßige Kontrollroutinen verwirklicht werden. Dies gilt besonders für die Ablaufsteuerung und -überwachung bei Stapelverarbeitung, Mehrprogrammbetrieb oder Datenfernübertragung.

Die organisatorischen Maßnahmen betreffen die Befugnisse der unmittelbar an der ADV-Anlage tätigen Mitarbeiter und die entsprechenden Protokollierungsmöglichkeiten. Besondere Beachtung verdient:

- Strenge Reglementierung der Anlagenbedienung durch Operatoranweisungen und Bedienungsvorschriften

- Anwesenheitsregelungen, die die alleinige Anwesenheit eines Operators im Maschinensaal verhindern

- Regelmäßige Auswertung der für die Überwachung der Anlagenbenutzung erstellten Logbücher und Maschinenprotokolle

- Prüfung der Outputs auf Vollständigkeit sowie auf formale Richtigkeit

- Anfertigung von Übergabeprotokollen mit Angaben der Verarbeitungszeiten, aufgetretenen Fehler, benutzten Anlageeinheiten, Maschinenbediener etc. und Weitergabe sämtlicher Unterlagen an die Arbeitsnachbereitung.

3.2.3. Terminplanung

Um Engpässe und Überschneidungen im ADV-Betrieb zu vermeiden, ist eine zeitlich abgestufte Planung der Anlagenbelegung vorzunehmen. Im einzelnen ergeben sich folgende Abstufungen:

- Aufstellung eines monatlichen Terminplanes
  Monatlich sich wiederholende Arbeitsprozesse (z.B. Lohnabrechnung) müssen von vornherein berücksichtigt werden. Sie bestimmen den Planungsspielraum für die kurzfristigen Arbeiten.

- Aufstellung eines wöchentlichen Terminplanes
  Die überwiegende Mehrzahl der Aktivitäten sollte in diesem Plan erfaßt werden. Dabei können schon genauere Angaben wie die voraussichtliche Dauer der einzelnen Läufe und bereitzustellende Datenträger berücksichtigt werden.

- Aufstellung eines täglichen Terminplanes
  Hierbei sind alle an einem Tag durchzuführenden Arbeiten mit Angabe der Soll-Zeiten aufzuführen. Insbesondere ist dieser Plan Grundlage für die Bereitstellung der Datenträger oder für das Einspielen von ausgelagerten Datenbeständen.

Grundlage der Planungen sind die von den (Fach-)Abteilungen
über die ADV-Anlage abzuwickelnden Aufgaben, die frühzeitig
anzumelden sind, um bei der Terminplanung berücksichtigt werden zu können.

- Aufstellung des Maschinenbelegungsplanes
  Soweit der tägliche Terminplan nicht bereits die Folge
  der einzelnen Arbeiten festlegt, ist auf seiner Grundlage ein Maschinenbelegungsplan aufzustellen. Darin
  wird festgelegt, welche Aufgaben in welcher zeitlichen
  Reihenfolge an einem Tag durchgeführt werden. Nicht ver-
  plante Belegungszeiten können etwa für Tests oder War-
  tungsarbeiten genutzt werden. Eine Durchschrift dieses
  Plans dient dem Operating als Arbeitsunterlage. Der
  Plan kann zur Kontrolle der tatsächlich ablaufenden
  Jobs herangezogen werden.

3.2.4. Arbeitsnachbereitung

Nach Bearbeitung der Daten sind die Ergebnisse zu kontrollieren, abzustimmen und an die auftraggebende Stelle weiterzulei-
ten. Die Aufgaben der Arbeitsnachbereitung sollten anderen
Mitarbeitern als denen der Vorbereitung übertragen werden.
Im einzelnen fällt an:

- Auswertung von Eingabe- und Fehlerprotokollen

- Sicherstellung der Fehlerkorrekturen
  (Aufstellen von formalen Richtlinien für Fehlerkorrekturen, Behebung von Formal- und Anweisungsfehlern
  durch die Arbeitsnachbereitung, Behebung von Programm-
  fehlern durch die Fachabteilung ggf. in Abstimmung mit

der Programmmierung, Behebung von sachlichen Fehlern
durch die Fachabteilung)

- Führung einer Statistik über Art, Zeit, Häufigkeit und
  Verursacher von Fehlern im Operating

- Vergleich von Soll- und Ist-Verarbeitungszeiten

- Weitergabe der Belege und des Outputs an die befugten
  Empfänger

- Kontrolle und Rückgabe der externen Datenträger an das
  Archiv

- ggf. Vernichtung des nicht mehr benötigten Materials.

3.3. Programmierung

Im Bereich der Anwendungsprogrammierung muß zum einen der mißbräuchlichen Kompetenzüberschreitung durch einzelne Programmierer vorgebeugt werden, zum anderen ist die Aussagefähigkeit
und damit Überprüfbarkeit der Programme zu gewährleisten. Eine
allgemeine Maßnahme ist die Aufteilung der Verantwortungsbereiche (Funktionstrennung, Trennung von Anweisung, Durchführung und Kontrolle) in

- Programmerstellung
- Codierung
- Test
- Freigabe und Pflege
- Dokumentation.

3.3.1. Programmerstellung, Codierung, und Test

In allgemeinen Programmierrichtlinien sollten die Grundsätze
für die Programmierarbeit fixiert werden. Aufträge für die
Programmerstellung und- änderung sind in einer verbindlichen
Weise zu erteilen, die eine einfache Kontrolle der unternom-
menen Aktivitäten auf ihre Notwendigkeit und Zulässigkeit hin
erlaubt.

Schon bei der Programmerstellung sollten Voraussetzungen für
das systematische Austesten der Programme und für spätere Modifikationen geschaffen werden. Wesentlich hierfür sind:

- Erstellen genormter Programmablaufpläne
- Modularer Programmaufbau
- Verwendung 'selbsterklärender' Namen
- erläuternde Kommentare

Entsprechend gilt für die Programmcodierung:

- Verwendung genormter Codierblätter
- Einheitliche Verwendung einer Programmiersprache
- Auflistung und Ablage des Quellprogramms

Für den Programmtest ist von Bedeutung:

- bevorzugte Verwendung von Testdaten
- Verwendung echter Daten nur mit Genehmigung
- Abgrenzung von Test- und Routinebetrieb
- Durchführung von Gruppen- und Systemtests nur unter
  Hinzuziehung weiterer Funktionsträger
- Verwendung automatischer Testhilfen
- Erstellung von Testprotokollen und -ergebnissen

- Prüfung des Testverlaufs durch die Revision
- Festlegung von Kontrollintervallen im laufenden System

3.3.2. Programmdokumentation

Unter Sicherheitsaspekten sind für die Dokumentation der
Programme folgende Maßnahmen bedeutsam:

- Erstellen von Dokumentations-Richtlinien
- Vergabe anonymer Programm(versions)nummern
- Festlegung der Aufbewahrungsfristen
- Zentrale Führung der Dokumentation
- Vermerk von Zuständigkeitsregelungen
- Dokumentation von Programm-Modifikationen
- Erstellung von 'Benutzerhinweisen' (z.B. in Form von Be-
  nutzerhandbüchern)
- Definition der Schnittstellen und Verknüpfungen zwischen
  Programmen und angesprochenen Daten

3.4. Zugangs- und Abgangssicherung

Dieser Abschnitt enthält folgende Punkte:

3.4.1. Zugangssperren
3.4.2. Alarmtechnische Maßnahmen
3.4.3. Überwachungsmaßnahmen

3.4.1. Zugangssperren

Zugangsspezifische bauliche Maßnahmen sind direkt abhängig von

dem konkreten Zugangskontrollsystem und von der in der Unternehmung gegebenen Raumsituation. Bei hohen Sicherheitsanforderungen ist die Verbindung zwischen Zonen unterschiedlichen
Sicherheitsniveaus durch Zugangsschleusen, Drehtüren oder
Drehkreuze zusätzlich zu sichern. Bei entsprechendem Einbau
ist auf baupolizeiliche Bestimmungen über Flucht- und Ret-
tungswege zu achten.

Eine <u>Zugangsschleuse</u> ist ein Verbindungsgang bzw. ein schmaler
Raum, der an beiden Enden gesicherte Zugänge aufweist. Die
Öffnungssysteme dieser Zugänge sind so geschaltet, daß eine
gleichzeitige Betätigung ausgeschlossen ist. Dadurch wird ein
freier Durchgang verhindert.

Der Einsatz einer Drehtür, die mit einem automatischen Zugangskontrollsystem gesichert ist, kommt in erster Linie für
Bereiche mit gleichmäßig verteiltem Personenverkehr in Betracht. Aufgrund ihrer hemmenden Wirkung bilden sich sonst
Warteschlagen (z.B. bei Arbeitsanfang und -ende).

Soll ohne Einbau von Drehtüren dennoch ein unkontrollierter
Zugang durch Separierung der Eintretenden erreicht werden,
so ist der Einbau Identifikationsmittelgesteuerter <u>Drehkreu-
ze</u> wirksam. Drehkreuze bieten lediglich eine beschränkte Sicherheit, da sie nur in Verbindung mit personeller Kontrolle
ihre Funktion erfüllen.

3.4.2. Alarmtechnische Maßnahmen

Maßnahmen zur Alarmmeldung sind dadurch gekennzeichnet, daß
Systeme installiert werden, die automatisch den Alarm auslö-
sen. Dies ist mit dem Nachteil verbunden, daß Fehlauslösungen

nicht verhindert werden können. Unabhängig vom System der Erkennung bzw. Auslösung kann der Alarm intern (Werkschutz)
oder extern (Polizei) erfolgen. Zudem kann er für den Unbefugten bemerkbar - und damit abschreckend - oder unbemerkt
ablaufen.

Welche Alarmierungsmöglichkeit im konkreten Fall gewählt
wird, ist von den speziellen Gegebenheiten der Unternehmung
und der Angemessenheit des Aufwands abhängig. So erfordern
fehlender Werkschutz bzw. Pförtner einen externen Alarm, ange-
strebte Abschreckung die zusätzliche Anbringung von Sirenen
u.ä..

Bei Meldesystemen mit direkter Auslösung sind die zu sichernden Objekte (Türen, Fenster etc.) jeweils direkt mit einem
Kontakt (Überwachungskontakt) versehen. Diese Kontakte mel-
den Öffnen bzw. Zerstörung des betreffenden Objektes. Grundsätzlich können deshalb Öffnungsmelder und Beschädigungs-
melder unterschieden werden.

Zu den gebräuchlichsten 'Öffnungsmeldern' gehören: Abhebe-,
Abreiß-, Falz- und Magnetkontakte, Opto- und Pendelschalter
sowie Rolladen-, Schließblech- und Schlüsselkontakte. 'Be-
schädigungsmelder' sind: Alarmglas, Deckenpendelmelder, Fo-
lienkontakte, Folientapeten, Frequenz-Änderungsmelder, Glas-
bruchmelder, Kabelüberwachungs-, Kapazitiv-Feldänderungs-, und
Körperschallmelder sowie Vibrationskontakte.

Dagegen ist die indirekte Auslösung als Anzeige möglicher Gefahren einzusetzen, wenn die Warnung bereits erfolgen soll,
bevor das Sicherungsobjekt erreicht wird. Systeme derart indi-
rekter Auslösung sind: Infrarotmeldesysteme, Lichtschranken,
Radar- und Ultraschallmeldesysteme.

3.4.3. Überwachungsmaßnahmen

Als Beispiel für die sinnvolle Anwendung von Überwachungsmaßnahmen (-melder) seien Tretmatten angeführt, die in vielfäl-
tiger Weise im Sicherungssystem eingesetzt werden können.
Als einfache Kontaktgeber können sie zum Beispiel Fernseh-
überwachungsanlagen auf einen entsprechenden Zugang schalten.
Dadurch läßt sich eine unbemerkte visuelle Kontrolle Eintre-
tender erreichen. Auch können damit außerhalb der Arbeitszeit
Videoanlagen gesteuert werden, um Unregelmäßigkeiten aufzu-
zeichnen. An das Alarmsystem angeschlossenene Tretmatten
dienen bereits seit Jahren beispielsweise in Banken zur Alarmmeldung.

3.5 Zentrale Ausgabe, Verarbeitung und Speicherung

Folgende Maßnahmen können bei zentraler Ausgabe der Daten unter Sicherungsaspekten ergriffen werden:

- Schließfächer
  Um zu vermeiden, daß die für die Fachabteilungen bestimmten Outputs bis zu ihrer Übergabe für jedermann
  zugänglich sind, können diese in Schließfächern depo-
  niert werden.

- Direkte Übergabe
  Daten besonders hoher Sicherungsklassen sollten dem
  Empfänger nach Überprüfung seiner Befugnis durch einen
  Mitarbeiter des Rechenzentrums persönlich ausgehändigt
  werden.

- Übergabeprotokoll beim Datenempfang
  Die schriftliche Bestätigung des Empfangs der Unterlagen sollte auf einem dafür vorgesehenen Formular erfolgen, in das Angaben über Art und Zahl der auszu-
  händigenden Datenträger, Ort, Datum und Uhrzeit der
  Ausgabe einzutragen sind, und das sowohl vom ausgeben-
  den als auch vom empfangenden Mitarbeiter unterschrie-
  ben werden muß.

- Schablonenblinddruck
  Damit wird erreicht, daß Outputs nur mit Hilfe von
  Schablonen ausgewertet werden können. Im Ausdruck
  selbst fehlen alle konstanten Angaben, z.B. Zeilen-
  und Spaltenüberschriften, Dimensionen wie DM, Stunden
  usw. In der Regel enthält der Ausdruck nur noch über
  die Seite verteilte Zahlen oder Zeichenkomplexe. Durch
  Auflage einer Schablone - z.B. als Klarsichtfolie -
  werden die fehlenden konstanten Angaben eingefügt.

- Terminalspezifische Verschlüsselung
  Besonders beim Anschluß einer Vielzahl von Ein- und
  Ausgabestationen an einen Rechner kann die Fehlleitung
  von Output zu einem erheblichen Sicherheitsrisiko werden. Durch geeignete Verschlüsselung, die für jedes
  Terminal unterschiedlich ist, kann der Wert fehlgelei-
  teten Outputs für Unbefugte aufgehoben werden. Vorteilhaft ist, wenn falsche Entschlüsselung zu überwiegend
  nicht druckbaren Zeichen führt.

- Druckunterdrückung (Non-Print-Mode)
  Durch entsprechende Programmierung wird erreicht, daß
  bestimmte vertrauliche Angaben etwa Paßworte oder
  sonstige Kennziffern generell nicht druckbar sind.

- Überdrucken

  Als Alternative zur Druckunterdrückung können sensible Daten auch durch Überdrucken mit anderen Zeichen unleserlich gemacht werden. Die beiden letztgenannten Verfahren bieten sich insbesondere für Daten wie Paßworte, Schlüssel- oder Namenverzeichnisse an.

Maßnahmen der Abgangskontrolle von Datenbeständen können durch eine Reorganisation der Speicherung personenbezogener Daten erheblich vereinfacht werden. Möglich ist dabei:

(1) die <u>Konzentration</u> von Dateien auf wenige physische Datenträger zur Reduzierung der Objekte, die Abgangskontrollen zu unterziehen sind, oder

(2) die <u>Streuung</u> der Daten von Dateien ggfs. über mehrere Datenträger mit der Folge einer erheblichen Erschwerung der Lesbarkeit von Datenträgerdumps bei einer Erhöhung der Zahl der zu kontrollierenden Datenträger und gleichzeitiger Verringerung der Sensibilität des einzelnen Datenträgers.

Die Rekonstruierbarkeit der Datenbestände sollte durch folgende Maßnahmen sichergestellt werden.

(1) Speicherung der Daten nach dem Generationenprinzip
    Nach jeder Änderung eines Datenbestands (z.B. durch Aktualisieren) wird die alte Version (Generation) zusammen mit den Änderungsdaten aufbewahrt. Im Falle einer Zerstörung oder Manipulation des neuen Datenbestandes kann auf die ältere Datengeneration zurückgegriffen werden.

(2) Duplizierung von Datenbeständen
    Weiterhin besteht die Möglichkeit, besonders zu si-
    chernde Daten (in manchen Fällen schon während der
    Verarbeitung) zu kopieren und doppelt zu speichern.

Die Schaffung von Rekonstruktionsmöglichkeiten ist aufgrund
des höheren Aufwandes von folgenden Kriterien abhängig zu machen:

- Ausfallzeit
- Sicherheitsklasse der Daten
- Zeitbedarf für Rekonstruktion

4. Personenbezogene Maßnahmen

Dieses Kapitel behandelt:

4.1. Personenbezogene Maßnahmen
4.2. Indentifizierungsmaßnahmen
4.3. Zugangsberechtigung
4.4. Eingabeberechtigung
4.5. Operationsberechtigung
4.6. Abgangskontrolle

4.1. Personenbezogene Maßnahmen

4.1.1. Einstellung/Auswahl neuer Mitarbeiter

Die im folgenden dargestellten Grundsätze und Maßnahmen gehen i. allg. von der Neueinstellung von Mitarbeitern aus, weil in diesem Fall für die maßgebenden Personen die größtmögliche Auswahlfreiheit bezüglich der neuen Mitarbeiter gegeben ist. Sie können und müssen jedoch auch dann berücksichtigt werden, wenn für entsprechende Aufgaben innerbetrieblich Mitarbeiter auszuwählen sind.

Ausschlaggebend für die Beurteilung der persönlichen Voraussetzungen sind die Bewerbungsunterlagen. Eine gründliche Analyse von Lebenslauf, Personalbogen und Zeugnissen sollte Aufschluß darüber geben, ob

- Lohn- und Gehaltspfändungen vorliegen und sich der Bewerber in finanziellen Schwierigkeiten befindet,
- ungeklärte Lücken im Beschäftigungsnachweis bestehen,
- der Bewerber häufige Stellenwechsel vorgenommen hat, ohne sich dabei laufbahnmäßig oder finanziell zu verbessern.

Daneben trägt besonders das Einstellungsgespräch zum Persön-
lichkeitsbild des Bewerbers bei. Für die Überprüfung der fach-
lichen Voraussetzungen bilden Unterlagen über die Ausbildung
und über bisherige berufliche Tätigkeiten sowie ggfs. spezielle, auf die Anforderungen der zu besetzenden Stellen ab-
gestellte Eignungstests die Grundlage. Im Einstellungsgespräch
sollte Klarheit über die generelle Haltung des einzustellen-
den Mitarbeiters gegenüber der Datenschutzproblematik erlangt
werden, da das Sicherheitsbewußtsein der Mitarbeiter zur ordnungsgemäßen Erfüllung ihrer Aufgaben im Sinne des Datenschutzes wesentlich ist.

4.1.2. Probezeiten

Der festen Einstellung eines Mitarbeiters geht in der Regel
eine Probezeit in der Unternehmung voraus. Deren Länge sollte
auch nach der Sicherheitsempfindlichkeit der jeweiligen Stelle
abgestuft sein, da eine Beurteilung nur nach einem längeren
Zeitraum möglich ist.

Die dem Stellenbewerber während der Probezeit übertragenen
Aufgaben dienen als Beurteilungsmaßstab für seine späteren
Tätigkeiten und müssen daher gleiche Anforderungen an seine
Fähigkeiten stellen. Andererseits sollte der Mitarbeiter während seiner Probezeit keine Gelegenheit haben, sich eine so
umfassende Kenntnis der sensiblen Bereiche anzueignen, daß
er sie im Falle einer Nichteinstellung mißbräuchlich ver-
wenden könnte. Die Beurteilung des Bewerbers erfolgt aufgrund
laufender Beobachtung und Kontrolle seiner Tätigkeiten. Bei
einer positiven Entscheidung sind nach § 5 BDSG Geheimhal-
tungsklauseln in den Arbeitsvertrag aufzunehmen.

4.1.3. Kündigung

Bei bevorstehendem Ausscheiden eines Mitarbeiters sind Maßnahmen zu treffen, die einer mißbräuchlichen Verwendung der im Betrieb erworbenen Kenntnisse und Fähigkeiten entgegenwirken. So ist sicherzustellen, daß der betreffende Mitarbeiter die ihm anvertrauten Schlüssel und Ausweise sowie vertrauliche Unterlagen etc. zurückgibt. Außerdem sollten alle Stellen, die vertrauliche Daten verarbeiten, umgehend von der Kündigung in Kenntnis gesetzt werden, um die irrtümliche Abgabe von Informationen an eine nicht mehr berechtigte Person auszuschließen.

Da im Normalfall Kündigungsfristen einzuhalten sind, kann sich in Abhängigkeit von der Klassifizierung des Mitarbeiters die Notwendigkeit ergeben, seinen Umgang mit vertraulichen Daten zu unterbinden und ihn u.U. in einen anderen Bereich zu versetzen. Dagegen wird bei Suspendierung und bei fristloser Kündigung dem Mitarbeiter sofort die Möglichkeit genommen, am Arbeitsplatz seine Kenntnisse und Fähigkeiten zum Nachteil der Unternehmung anzuwenden.

4.2. Identifizierungsmaßnahmen

Die Identifikation eines Benutzers ist grundsätzlich möglich durch

- etwas, das nur der Benutzer weiß,
  (Erinnerungswert),

- einen Gegenstand (Sachmittel), den der Benutzer besitzen muß (z.B. Ausweiskarte),

- ein körperliches Merkmal des Benutzers,

- eine Kombination dieser Maßnahmen.

Dieser Abschnitt enthält folgende Punkte:

4.2.1. Erinnerungswerte
4.2.2. Sachmittel
4.2.3. Physiologische Merkmale

4.2.1. Erinnerungswerte

Als Erinnerungswerte (oder gedankliche Schlüssel) werden die
Merkmale bezeichnet, die nur ein bestimmter Benutzer weiß und
die er im Gedächtnis behalten muß. Zu seiner Identifizierung
gibt er dieses Merkmal der ADV-Anlage ein, die es mit dem
gespeicherten vergleicht.

Im Normalfall sind Erinnerungswerte nur jeweils einem Benutzer
bekannt; sie können ihn somit eindeutig identifizieren. In den
meisten Fällen erstrecken sich jedoch vom Benutzer selbst zu
wählende Erinnerungswerte auf einen begrenzten Bereich seines
Privatlebens und sind daher verhältnismäßig leicht zu erraten
(typische Beispiele: Vornamen der Ehefrau oder der Kinder, Anzahl der Kinder, Hochzeits- und Geburtstage, Automarke und po-
lizeiliches Kennzeichen).

Da die Erinnerungswerte einmal in der Datenverarbeitungsanlage
gespeichert sind, zum anderen in diese eingegeben bzw. zu ihr
übermittelt werden müssen, sind besondere Vorkehrungen zu
treffen, damit sie nicht unbefugt gelesen bzw. abgefangen werden können. Dies betrifft Speicherschutz, Übertragungsschutz
und organisatorische Maßnahmen zur Verhinderung des beiläu-

figen Lesens auf Bildschirmen oder auf Druck-Output (Non-
Print-Mode, Sichtschutz, Überschreiben, Abfallvernichtung
etc.). Ebenso ist sicherzustellen, daß die Erinnerungswerte
nicht als Gedächtnisstütze niedergeschrieben und mehr oder
weniger leicht zugänglich abgelegt werden.

Ein <u>fester Identifikationsschlüssel</u> liegt vor, wenn der Benutzer allein durch Angabe dieses normalerweise nicht veränder-
lichen Schlüssels Zugang zum System findet. In den meisten
Fällen werden hierzu die Abrechnungskonto-Nr. (account num-
ber), die Abteilungs- bzw. die Projekt-Nr. oder der Name, die
Personal-Nr. etc. herangezogen. Der entsprechende Schlüssel
wird bei der automatischen Datenverarbeitung über eine Steuer-
karte des Programms (bei Stapelverarbeitung) oder direkt eingegeben (z.B. über Bildschirm). Bei manueller Datenverarbeitung dienen diese Schlüssel häufig zur vereinfachten Anforderung vertraulicher Schriftstücke. Der gravierende Nachteil
solcher Schlüssel ist, daß sie der Organisationsstruktur entnommen und damit gegenüber Unbefugten praktisch nicht geheim-
zuhalten sind.

<u>Variable Schlüssel</u> können feste Schlüssel ersetzen oder (als
Zusätze) ergänzen. Von der ersten Möglichkeit wird kaum Ge-
brauch gemacht, da die festen Schlüssel wichtige Informationen
enthalten - z.B. Konto-Nr., Name, etc.. Diese müßten sonst
durch das System ergänzt werden, z.B. um leicht lesbare Protokolle der Rechnerbenutzung zu erhalten oder um eine Kostenab-
rechnung durchzuführen. Wichtiger ist dagegen die Verbindung
mit festen Schlüsseln in der Form, daß zu einem festen Identi-
fizierungsschlüssel ein variabler Zusatz(schlüssel) hinzu-
kommt z.B. Personal-Indentifikations-Nummer (PIN). Um nicht
de facto zu einem neuen festen Schlüssel zu gelangen ist darauf zu achten, daß der variable Teil von Zeit zu Zeit geändert wird.

Die Festlegung auf einen Schlüssel wird durch <u>programmierte Fragen</u> vermieden, indem der Rechner aus einer Anzahl gespeicherter Fragen eine oder mehrere selektiert und dem Benutzer vorlegt. Die eingegebenen Anworten werden mit den gespeicherten verglichen und erlauben die Identifizierung. Die Kenntnis einer oder mehrerer Antworten, die ein Unbefugter z.B. durch Beobachten des Identifizierungsprozesses erlangen kann, reicht nicht aus, bei einer neuerlichen Identifizierung die teilweise oder vollständig anderen Fragen zu beantworten. Der Vorteil dieses Verfahrens liegt in dem hohen Niveau der Identifikationssicherheit. Der Nachteil liegt jedoch in erster Linie darin, daß das Verfahren nur bei dialogfähigen Anlagen anwendbar ist. Zudem ist es speicheraufwendig und bei häufigen Identifizierungsprozessen für die Benutzer recht lästig.

Durch eine nur <u>teilweise Eingabe eines Erinnerungswertes</u> wird dessen zufällige Kenntnisnahme erschwert. Die einzugebenden Teile werden durch den Rechner festgelegt. Bei dialogfähigen Anlagen wird der Benutzer z.B. durch eine Ziffernfolge aufgefordert, die entsprechenden Zeichen des Paßwortes anzugeben. So müßte bei einer vorgegebenen Ziffernfolge '1417' und dem Paßwort 'Ehefrau' die Eingabe 'EFEU' lauten.

Bei der <u>Transformation von Vorgabegrößen</u> besteht der Erinnerungswert aus der Verfahrensvorschrift zur Transformation einer vom Rechner bereitgestellten Zeichenfolge. Dies kann bei numerischer Vorgabe die Quersummenbildung und Addition der Uhrzeit (Stunden) sein oder bei Folgen von Alphazeichen eine Substitution durch Buchstaben, die um die Uhrzeit (Stunden) versetzt dem Alphabet entsprechen. Es sind beliebige Transformationen denkbar, die vom Benutzer oder von Vorgesetzten bei Bedarf oder in bestimmten Abständen geändert werden können.

Zur Identifizierung eines Benutzers durch <u>Einmalpaßwort</u> werden

für jeden Programmlauf oder - bei höchsten Sicherheitsansprü-
chen - für jede Nachricht neue Paßworte benötigt.

Diese Paßworte werden vom Rechner erzeugt und ausgedruckt. Jeder Benutzer erhält eine Liste von Paßworten, die entweder der
Reihe nach oder nach einem vorgegebenen Algorithmus abzuarbei-
ten sind. Die Kenntnis auch mehrerer benutzter Paßworte ermöglicht Unbefugten keine Identifizierung.

Die zuletzt genannten Verfahren erlauben auch bei Stapelverarbeitung (z.B. über Steuerlochkarten) eine zuverlässige
Identifizierung.

4.2.2. Sachmittel

Bei der Identifikation des Benutzers durch Sachmittel, die er
bei sich trägt, werden überwiegend Schlüssel und Ausweiskarten
verwendet. Entsprechende (Ausweis-)Lesegeräte sind praktisch
an jede ADV-Anlage anzuschließen.

Allgemein gilt als Vorteil physischer Identifikationsmittel,
daß sie leicht zu handhaben sind und der Verlust meist schnell
festgestellt wird.

Nachteile liegen in der Möglichkeit der Fälschung bzw. der
Nachahmung und in der Gefahr einer Entwendung.

(1) Ausweise

Der Vorteil von Ausweisen besteht in der innerhalb bestimmter
Grenzen gegebenen Manipulationssicherheit. Verlust bzw. Diebstahl werden meist kurzfristig bemerkt, so daß der Zeitraum

der mißbräuchlichen Verwendung sich einschränken läßt. Ausweise ohne Klartextaufschrift sind darüber hinaus nur dann
mißbräuchlich nutzbar, wenn der Besitzer und seine Befugnisse
bekannt sind.

Ein Nachteil ist jedoch, daß spezielle Ausweislesegeräte an
den Rechner bzw. an die Eingabestation angeschlossen werden
müssen. Ferner ist das Risiko eines Verlustes oder des Verges-
sens relativ groß. Zudem ist es meist nicht möglich, Ausweise
leicht und schnell zu ersetzen, da oft das ganze System umge-
stellt werden muß.

Ausweissysteme lassen sich in solche mit offener und verdeckter Codierung unterteilen.Eine offene Codierung liegt vor,
wenn die Darstellung des identifizierenden Merkmals visuell
erkennbar ist. Sie erfolgt überwiegend als

- Strichcodierung,
- Lochcodierung,
- Prägecodierung oder
- Gravurcodierung.

Die Vorteile von Ausweissystemen mit offener Codierung sind
zum einen, daß aufgrund der einfachen Code-Darstellung und der
geringen materialspezifischen Anforderungen die Ausweiskarten
sehr kostengünstig herzustellen und damit in großen Mengen
eingesetzt werden können. Zum anderen werden sie von zahlreichen Herstellern (teils in mehreren Varianten) angeboten. Auch
sind Manipulationen relativ leicht zu erkennen.

Ein Nachteil dieser Ausweissysteme ist dagegen, daß der Code
bereits durch visuellen Vergleich mit anderen Ausweiskarten
erkannt oder gar entschlüsselt werden kann.

Verdeckte Codierung erfolgt überwiegend als

- Magnetstreifencodierung,
- Optocodierung,
- Hologrammcodierung,
- Induktionscodierung oder
- Interferenzcodierung.

Vorteile bieten Ausweissysteme mit verdeckter Codierung in erster Linie dadurch, daß das Erkennen des identifizierenden Merkmals im Vergleich zu anderen Systemen erheblich erschwert ist. Darüber hinaus sind durch die zulässige hohe Packdichte der Zeichen längere Zeichenfolgen und damit mehr Kombinationsmöglichkeiten gegeben. Dadurch kann eine höhere Sicherheit vor Entschlüsselung des Codes erreicht werden. Manipulationen an verdeckt codierten Ausweiskarten erfordern einen bereits erheblichen technischen Aufwand und Wissensstand.

Ein wesentlicher Nachteil sind die relativ hohen Einmal- und Folgekosten. Aufgrund der teilweise aufwendigen Herstellungsverfahren der Ausweise und der entsprechenden Anforderungen an den Ausweisleser sind daher diese Systeme nur bei hohen Sicherungsanforderungen sinnvoll.

(2) <u>Schlüssel</u>

Da bei Kleinrechnern Ausweisleser in den meisten Fällen zu aufwendig sind, werden häufig Schlüssel als Identifikationsmittel verwendet. Die Identifikation ist hierbei nicht benutzerspezifisch, da fast immer nur ein Schlüssel je Rechner einsetzbar ist.

Die Vorteile der Schlüssel liegen in ihren geringen Kosten und in der unkomplizierten Identifikation. Der Nachteil ist jedoch, daß ein sinnvoller Schutz bei Systemen mit mehreren Terminals nur gewährleistet ist, wenn die Terminals mit unterschiedlichen Berechtigungen versehen sind, da eine Differenzierung der Benutzer durch die Schlüssel nicht möglich ist. Schlüssel sind zudem nur selten so fälschungssicher wie Ausweise; sie unterliegen dem gleichen Verlustrisiko.

(3) <u>Codesender</u>

Codesender sind tragbare Minisender, die jeweils eine feste, der Identifizierung dienende Frequenz besitzen. Diese permanent abgestrahlte Frequenz wird durch den Empfänger am Zugang aufgenommen, in der Steuerelektronik ausgewertet und als Öffnungsimpuls erkannt. Der Vorteil dieser Sender ist die berührungslose Zugangskontrolle. Gravierender Nachteil dagegen ist, daß die von ihnen abgestrahlten, der Identifizierung dienenden Frequenzen relativ einfach zu bestimmen und zu Manipulationszwecken zu simulieren sind.

4.2.3. Physiologische Merkmale

Im Gegensatz zur Identifizierung durch gedankliche Schlüssel oder physische Sachmittel werden hier körperliche (physiologische) Merkmale der Benutzer unmittelbar zur Identifizierung herangezogen. Die Vorteile dieses Identifikationsverfahrens sind die hohe Erkennungsquote, die absolute Verlustsicherheit und das minimale Fälschungsrisiko. Nachteilig sind nur die hohen Implementierungskosten der notwendigen Geräte.

Die **Extremitätenvermessung** als Identifizierungsmethode - auch 'Handprofilauswertung' genannt - basiert auf der Tatsache, daß nur in äußerst seltenen Fällen zwei Menschen gleiche Handformen haben. Zur Vermessung ist die Hand in bestimmter Position auf eine lichtdurchlässige Scheibe zu legen. Eine Lampe mit hoher Intensität 'durchleuchtet' dann die Hand so, daß für die Messung die Fingerspitzen eindeutig identifizierbar sind. Von diesen als Fixpunkten ausgehend, mißt das Gerät Form und Länge der Finger und die Lichtdurchlässigkeit des Handtellers als identifizierende Merkmale. Die Meßergebnisse werden mit den entsprechenden gespeicherten Werten verglichen.

Die **Fingerabdruckprüfung** als älteste auf dem Vergleich eines persönlichen Merkmals basierende Methode ist zur automatischen Identifikation weiterentwickelt worden. Hierbei werden die individuelle Anzahl, Lage und Form der 'Falten', 'Schleifen' und 'Augen' auf der Oberfläche der Fingerkuppen analysiert und mit den entsprechenden Speicherdaten verglichen.

Die **Stimmenanalyse** basiert auf der unterschiedlichen Kombination verschiedenster Frequenzbereiche in der menschlichen Stimme. Die Identifizierung erfolgt über die Analyse des in ein Spezialmikrophon gesprochenen Vergleichssatzes, der bei der erstmaligen Erfassung analysiert und als Vergleichswert digitalisiert abgespeichert wurde. Bei der Prüfung wird der Vergleichstext analysiert und diese Messungen mit dem Speicherinhalt abgeglichen. Selbst Abweichungen der menschlichen Stimme durch Heiserkeit etc. führen äußerst selten zu Fehlerkennungen.

4.3. Zugangsberechtigung

Dieser Abschnitt enthält folgende Punkte:

4.3.1. Identifikationsmittel-Sicherung
4.3.2. Zugangs-Protokollierung
4.3.3. Richtlinien zur Zugangskontrolle

4.3.1. Identifikationsmittel-Sicherung

Zunächst müssen auf die ID-Mittel selbst bezogene permanente Kontrollen sicherstellen, daß die Zuweisung des ID-Mittels (bzw. des Codes der Zugangsberechtigung) für den entsprechenden Mitarbeiter noch zutreffend ist und die Funktionstüchtigkeit der ID-Mittelleser garantiert ist:

(1) Richtigkeit des ID-Mittels
    Die Kontrolle der Richtigkeit eines ID-Mittels bezieht sich auf die aufgabenbezogene Befugnis des Zugangs. Dies sollte durch einen führenden Mitarbeiter der Fachabteilung überprüft werden. Dieser kann die Berechtigung für den Zugang bestätigen oder eine Aufhebung der Berechtigung mit den folgenden technischen und/oder organisatorischen Konsequenzen veranlassen. Zum anderen muß die Kontrolle der Richtigkeit auf das ID-Mittel direkt bezogen sein, da bei einigen Systemen durch einfache Manipulation - z.B. Nachziehen einer Linie bei strichcodierten Ausweisen - die Zugangsbefugnis erweitert werden kann. Diese Kontrollen sollten von Abteilungsfremden ohne vorherige Ankündigung erfolgen. Dadurch wird eine höhere Aufdeckungsquote erreicht und eine Beeinträchtigung des Abteilungsklimas vermieden.

(2) Funktionsfähigkeit des ID-Mittels
    Die Kontrolle der Funktionsfähigkeit bezieht sich in
    erster Linie auf die entsprechenden ID-Geräte (Leser,
    Sensoren etc.). Diese müssen darauf überprüft werden,
    ob sie in vorgeschriebenem Maße die Identifikations-
    funktion erfüllen, ob die Selektionsfähigkeit erhalten
    ist und ob die Protokollierung eines unbefugten Zu-
    gangsversuches vorschriftsmäßig erfolgt.

4.3.2. Zugangs-Protokollierung

Die Protokollierung erfüllt verschiedene Funktionen: Zum
einen wirkt die Gewißheit einer sicheren Erfassung und ein-
deutigen Identifizierung in hohem Maß abschreckend. Die Protokollierung dient weiterhin als Grundlage der Analyse ge-
zielter Umgehungsversuche der Kontrollen. Aufgrund dieser
Analyse können im Bedarfsfall weitere Kontrollen eingeführt
oder organisatorische Konsequenzen ergriffen werden.

Für ein vollständiges Protokoll sind folgende Mindestanga-
ben notwendig, die leicht zusammenzustellen sein müssen:

(1) Zugang mit Hilfe eines ID-Mittels

    (1.1) Ausgabe des ID-Mittels
            - Ausgabetag
            - Mitarbeiter-Name
            - Mitarbeiter-Unterschrift zur Bestätigung
            - Nummer des ID-Mittels
    (1.2) Nutzung des ID-Mittels
            - Nutzungstag
            - Zeitpunkt der Nutzung

- Bezeichnung der gesicherten Räumlichkeiten oder
  des ID-Mittellesers
- Kennzeichnung eines normalen/ungewöhnlichen Zugangs
  (z.B. Zeitzone)
- Zeitpunkt des Verlassens der gesicherten Räumlichkeit
  bzw. des Endes der Nutzung

(1.3) Rückgabe des ID-Mittels

- Rückgabetag
- Mitarbeiter-Nummer
- Mitarbeiter-Name
- Nummer des ID-Mittels
- Unterschrift des Einziehenden zur Bestätigung

(1.4.) Vernichtung des ID-Mittels

- Tag der Vernichtung
- Nummer des vernichteten ID-Mittels
- Art der Vernichtung
- Unterschrift zur Bestätigung

(2) Zugang mit Hilfe eines Schlüssels

- Ausgabetag
- Ausgabezeit
- Mitarbeiter-Nummer
- Mitarbeiter-Name
- Mitarbeiter-Unterschrift zur Bestätigung
- Nummer des Schlüssels
- Kontrolle der Vollständigkeit der Schlüssel
- Rückgabezeit
- Unterschrift des Einziehenden zur Bestätigung

Die Protokollierung und die sich anschließende Auswertung der
Eintragungen wird bei der Verwendung von Schlüsseln durch ein
spezielles Schlüsselbuch erleichtert, das für jeden auszugeben-

den Schlüssel neben der Schlüssel-Nummer die Namen der berechtigten Schlüsselempfänger, deren Personal-Nummer und die jeweilige 'Normzeit' enthalten sollte. Dadurch wird eine direkte
Kontrolle vor Ausgabe des Schlüssels möglich und werden unge-
wöhnliche Zugänge leichter erkennbar.

Die protokollierten Einzelangaben müssen anschließend ausgewertet werden, wobei unter Sicherheitsaspekten folgende Min-
destaussagen möglich sein müssen:

- Welcher Mitarbeiter Zugang zu welchen gesicherten Räum-
  lichkeiten bzw. Nutzungen hat
- Wie oft ein Mitarbeiter einen bestimmten Raum betrat
  bzw. die Nutzung in Anspruch nahm
- Wie oft und wann die Nutzung außerhalb täglicher Routine
  lag
- Wie lange die jeweilige Nutzung dauerte
- Wann eine ordnungsgemäße Rückgabe des ID-Mittels
  (Schlüssels) nicht erfolgte
- Zu welchen Räumen oder Nutzungen ein unberechtiger
  Zugang verursacht wurde
- Wie oft unberechtigte Zugangsversuche unternommen wurden
- Wann die unberechtigten Zugangsversuche stattfanden (Tag,
  Uhrzeit)

Um eine Zusatzkontrolle zu ermöglichen, müssen Protokolle über
gesperrte oder nicht zulässige ID-Mittel (Ausweise) oder Änderungen der Zugangs- und/oder Empfangsberechtigung erstellt
werden.

4.3.3. Richtlinien der Zugangskontrolle

Über verschiedene Regelungen sind möglichst eindeutige Richtlinien vorzugeben:

(1) <u>Zugang außerhalb normaler Zeiten</u>
Es muß festgelegt werden, ob ein solcher Zugang überhaupt zugelassen wird oder - wenn es sich aufgrund betriebsindividueller Gegebenheiten nicht vermeiden läßt - welche Ausnahmeregelungen und welche speziellen Sicherheitsvorkehrungen zu treffen sind. Die Zahl zulässiger Ausnahmen sollte so gering wie möglich gehalten werden, da sich solche Situationen für Manipulationsversuche geradezu anbieten.

(2) <u>Zugang des Vertreters</u>
In Abhängigkeit von der prinzipiellen Entscheidung über die Zugangsbefugnis des Vertreters sind die speziellen Bedingungen festzulegen, unter denen ein Zugang erlaubt ist. In diesem Zusammenhang ist zu klären, ob die Vertretung bereits bei kurzfristiger Abwesenheit oder erst bei offizieller Krank-/Urlaubsmeldung zulässig ist und der Vertreter zur Unterstützung auch zusätzlich herangezogen werden kann.

(3) <u>Verhalten bei Verlust des ID-Mittels</u>
Beim Verlust eines ID-Mittels ist festzulegen, welche Stelle unverzüglich über den Verlust zu informieren ist, was von dem betreffenden Mitarbeiter ferner unternommen werden muß, um Schaden zu vermeiden, und wie die Übergangsregelung bis zur Erstellung und Neuausgabe eines ID-Mittels aussieht.

(4) <u>Ablauf der Zugangsbefugnis</u>

Für den Ablauf der Zugangsbefugnis sind zwei Fälle zu
unterscheiden;

- Ablauf aufgrund Projektende

  Beim Erlöschen der Zugangsbefugnis aufgrund des normalen Projektendes (Erfüllung der gestellten Aufgabe)
  sind bestimmte Termine für die Rückgabe der ID-Mittel
  bzw. Änderung der technischen Details (z.B. Auswech-
  seln der Matrixkarte im Ausweisleser) festzusetzen
  und ist ihre Einhaltung zu überwachen.

- Ablauf aufgrund Kündigung

  Die Zugangsbefugnis eines Mitarbeiters, der gekündigt
  hat, sollte möglichst nicht unbeschränkt bis zu seinem
  Ausscheiden weiterlaufen. Obwohl eine Beschränkung in
  manchen Fällen von dem Mitarbeiter als Mißtrauen empfunden wird, muß sie - soweit möglich - durchgeführt
  werden, da erwiesenermaßen ausscheidende Mitarbeiter
  ein erhöhtes Sicherheitsrisiko darstellen. Erfolgt die
  Kündigung des Mitarbeiters durch die Unternehmung
  fristlos, so ist es selbstverständlich, daß die
  Zugangsbefugnis zu Sicherheitszonen unverzüglich er-
  lischt und somit entsprechende ID-Mittel umgehend ein-
  zuziehen sind.

(5) <u>Verhalten bei unbefugten Zugangsversuchen</u>

Werden die Zugangsversuche automatisch protokolliert, so
müssen sie im Hinblick auf Person, Raum und Zeitpunkt analysiert werden. Wurde ein Zugang festgestellt, so muß aus
den Richtlinien hervorgehen, welche ex-post-Kontrolle
durchzuführen ist. So ist etwa festzuhalten, welche Abteilung oder welche Mitarbeiter unmittelbar zu informieren
sind, unter welchen Umständen eine direkte Benachrichti-
gung externer Stellen notwendig ist, wie und durch wen

die Räumlichkeiten vorläufig zu sichern sind und ob Arbeiten in diesen Räumen aufgenommen oder weitergeführt
werden dürfen. Ferner ist zu regeln, wie und durch wen
bei wichtigen Daten Überprüfungen durchzuführen sind,
und welche Daten zur Verarbeitung freigegeben sind.

(6) <u>Richtlinien für den Wechsel des ID-Mittels</u>
Machen Sensibilität und Anzahl der zu sichernden Dateien
einen periodischen oder gezielten Wechsel des ID-Mittels
notwendig, so sind außer dem entsprechenden Wechselplan
auch die Übergangsregelungen niederzulegen. Um die organisatorischen Probleme gering zu halten, sind detaillierte
Hinweise notwendig über den Ort und die Art der Bekannt-
machung eines Wechsels, die Stellen der Ausgabe, den Einsatz des neuen ID-Mittels und eine evtl. nicht vermeid-
bare Doppelnutzung.

(7) <u>Richtlinien für das Hilfspersonal</u>
Je nach Art des Hilfspersonals ist eine Übersicht zu erstellen, aus der hervorgeht, wer welche Räumlichkeiten zur
Ausübung seiner Aufgaben betreten muß. Ein Sicherheits-
plan sollte immer eine Begleitung durch einen Zugangs-
befugten vorsehen und außerdem festlegen,
- welche Wartungs- und Reparaturarbeiten ohne Benachrich-
  tigung des Sicherheitsbeauftragten durchgeführt werden
  dürfen,
- daß bei jeder Tätigkeit des Hilfspersonals der jeweilige
  Sachbearbeiter Aufsicht zu führen hat und
- daß bei Wechsel des Hilfspersonals Rückfragen bei der
  Fremdfirma zu stellen sind.

4.4. Eingabeberechtigung

Regelungen bzw. Richtlinien über die Berechtigung zur Dateneingabe können in Verbindung mit technischen und organisatorischen Maßnahmen zur Einhaltung dieser Regelungen nach verschiedenen Kriterien vorgenommen werden: Sie können

(1) sich auf den <u>eingabeberechtigten Personenkreis</u> beziehen,

(2) festlegen, daß die Eingabe besonders zu schützender <u>Daten
    nur auf wenigen, festgelegten Terminals erfolgen kann</u>,

(3) eine <u>Reglementierung unter zeitlichen Aspekten</u> vorsehen.

Diese Regelungen sind schriftlich zu dokumentieren und ständig
zu aktualisieren. Insbesondere sind eindeutige Regelungen für
Vertretung und Ablauf der Berechtigung zu treffen. Da die Protokollierung sämtlicher Dateneingabevorgänge erhebliche Kosten
verursacht, können diese organisatorischen Maßnahmen durch die
Reduzierung des Protokollumfangs Kostenvorteile mit sich bringen. Andererseits kann die Einschränkung der Eingabeberechtigung den reibungslosen Arbeitsablauf bei Datenerfassung und
Dateneingabe durch verminderte Flexibilität beeinträchtigen.

Die Eingabe von speziell zu sichernden Daten kann auch auf
reglementierte Zeitzonen beschränkt werden, z.B. auf Schich-
ten, in denen eine ausreichende Überwachung gewährleistet
ist. Auch hierdurch reduziert sich der Protokollierungs- und
Auswertungsaufwand.

4.4.1. Protokollierung

Die Aufzeichnungen über die Dateneingabe können sowohl manuell erstellt werden als auch automatisch gespeichert werden. Die Angaben in den Aufzeichnungen sind vom BDSG nur insofern explizit festgelegt, als sie Eingabezeitpunkt, eingebende Person und Inhalt der Eingabe enthalten müssen. Innerhalb dieses Rahmens sind Art und Inhalt der Aufzeichnungen frei wählbar. So können Klartextangaben (Name des Benutzers, Kennziffer der Benutzergruppe, Abteilungsbezeichnung) aber auch verkürzte Schlüsselangaben (ID-Schlüssel, Personalnummer, Terminalkennung, Namenszeichen etc.) maschinell aufgezeichnet werden, wobei die endgültige Identifikation des Eingebenden und des veränderten Datums manuell geschieht.

Anzuwenden sind _manuelle Protokollaufzeichnungen_ außer bei manueller Datenverarbeitung, bei der Arbeitsablauf- bzw. Belegflußkontrolle und wenn eine automatische Protokollierung zu aufwendig erscheint.

Die manuellen Aufzeichnungen können erstellt werden als

- Bestätigungsvermerke durch Abzeichnen der Belege,
- Eintragungen auf Auftragsbegleitzetteln oder
- Eintragungen in speziellen Eingabebüchern.

Eine einfache aber wirksame manuelle Protokollierungsmaßnahme stellen _Bestätigungsvermerke_ über vorgenommene Dateneingaben dar. Dazu wird auf den Belegen, Formularen, Karteikarten etc. neben den Eingabedaten ein Eingabebestätigungsvermerk eingetragen, der durch Namenszeichen, Kennziffer oder Stempel auf den Bearbeiter hinweist. Gleichzeitig sollten Zeitpunkt und Ablauf der Bearbeitung durch Eintragung dokumentiert werden.

Dateneingaben ohne Bestätigungsvermerk werden für die weitere Bearbeitung gesperrt. Erst nachdem ein zweiter Sachbearbeiter oder ein Vorgesetzter die Eingabe gegengezeichnet und damit die Richtigkeit bestätigt hat, können diese Daten weiterverarbeitet werden. Zur Erleichterung sollten auf den Belegen Felder vorgedruckt werden, in die der Bestätigungsvermerk eingetragen wird.

Schließlich kann eine manuelle Protokollierung auch in speziellen Eingabebüchern erfolgen. Darin trägt jeder, der eine Eingabe vornimmt, Zeitpunkt der Eingabe, Namen oder Personalkennzeichnung und die Angaben ein, die einen Schluß auf die vorgenommenen Eingaben zulassen. Solche Eingabebücher können z.B. bei On-line-Verarbeitung an jedem Terminal geführt werden. Sie können auch zusätzlich zu automatischen, vom System erstellten Protokollen geführt werden und sollten unter Beachtung des Vier-Augen-Prinzips laufend überwacht werden.

Neben manuell erstellten Aufzeichnungen über die Dateneingabe besteht die Möglichkeit einer <u>automatisierten Protokoll-Erstellung</u>. Mit zunehmender Dateneingabe-Aktivität ist oft nur die automatische Protokollierung durchführbar. Die computergestützte Anfertigung von Aufzeichnungen über die Dateneingaben wird durch den Einsatz entsprechender Systemsoftware (Protokoll-Erfassungsprogrammme) erreicht. Der Hauptvorteil gegenüber manueller Protokollierung liegt neben der kostengünstigeren Durchführung in der lückenlosen Erfassung aller Dateneingaben.

Werden die Protokolle über den Drucker einer Datenstation ausgegeben, ist eine schnelle Kontrolle der Dateneingabe möglich. Um sicherzustellen, daß keine Protokollaufzeichnungen verlorengehen, besteht die Möglichkeit, die Proto-

kollblätter fortlaufend zu numerieren (auf vornumeriertes
Papier zu drucken oder im Verlauf der Protokollerstellung
maschinell selbsttätig zu numerieren). Die Auswertung der
Ausdrucke beansprucht personelle Kapazität, wodurch erhebliche Kosten entstehen können. Gleichzeitig müssen die Ausdrucke aufbewahrt und vor Verlust, Entwendung und Manipulation geschützt werden.

Eine andere Möglichkeit besteht in der Protokollierung in den
von der Eingabe betroffenen Datensätzen. In diesen Datensätzen
bleiben Felder speziell der Protokollierung der Dateneingabe
vorbehalten. Bei jeder Eingabe (Ersteingabe wie auch Ände-
rungseingabe) werden in diesen Protokollfeldern das Datum, die
Person, die die Eingabe vornimmt, und der Inhalt der Eingabe
gespeichert. Die Protokollfelder enthalten damit alle für die
Eingabekontrolle benötigten Informationen. Der Vorteil besteht
darin, daß der Inhalt der Eingabe und die betreffende Proto-
kollinformation einander unmittelbar zugeordnet sind. Jedoch
ist die automatisierte Auswertung der Aufzeichnungen mit Hilfe
von Protokoll-Auswertungsprogrammen oder mittels manueller
Auswertungsmethoden erheblich schwieriger als bei Speicherung
in einer separaten Protokolldatei.

Dieser Nachteil wird vermieden, wenn die Angaben über die Dateneingabe in einer separaten, speziell der Protokollierung
der Dateneingabe vorbehaltenen Datei, der Protokolldatei gespeichert werden. Protokolldateien müssen die bekannten Angaben enthalten und eine Zuordnung zu den angesprochenen Daten
ermöglichen. Die Protokollierung in einer separaten Protokolldatei erleichtert insbesondere den Einsatz automatisierter Auswertungsroutinen. Es ist jedoch darauf zu achten, daß
aus verschiedenen Gründen die Protokolldateien selbst zu
äußerst sensiblen Datenbeständen werden und entsprechend geschützt werden müssen.

4.4.2. Auswertung

Wie die Erstellung verursacht auch die Auswertung der Protokolle Kosten. Deren Höhe ist vor allem vom Umfang der Auswertungen abhängig. Bei der Bestimmung des Auswertungsumfangs ist
auf den Grundsatz der Angemessenheit nach § 6 Abs. 1 Satz 1
BDSG zurückzugreifen. Danach sind Auswertungen nur in einem
Rahmen durchzuführen, in dem ihr Nutzen (Verbesserung des
Schutzzweckes) in einem angemessenen Verhältnis zu den verursachten Kosten steht.

Teilauswertungen können zu feststehenden Terminen durchgeführt werden oder in Abhängigkeit von bestimmten Tatbeständ-
en (z.B. bei Erreichen einer gewissen Anzahl von Fehlermel-
dungen). Grundsätzlich können die Auswertungen regelmäßig
oder aber in unregelmäßigen Abständen erfolgen. Unter Sicherungsaspekten sind unregelmäßig durchgeführte Auswertungen,
die zufällig zu jedem Zeitpunkt erfolgen können, vorzuziehen,
da sie schwerer zu umgehen sind. Vom Einzelfall hängt schließlich ab, ob die Auswertungen schwerpunktmäßig durchgeführt
werden (z.B. wenn der begründete Verdacht einer mißbräuchlichen Dateneingabe besteht) oder ob sie gleichmäßig den gesamten zu sichernden Bereich erfassen.

Die Auswertungen können - ebenso wie die Protokolle - manuell
oder automatisch erstellt werden. Manuell erstellte Eingabeaufzeichnungen müssen manuell ausgewertet werden, automatisch
erstellte Eingabeaufzeichnungen können dagegen sowohl manuell
als auch automatisch ausgewertet werden.

Eine _manuelle Auswertung_ ist etwa das Gegenzeichnen von Einga-
bebelegen durch einen zweiten Sachbearbeiter als Voraussetzung
für die Weiterverarbeitung. Hierbei handelt es sich um eine

lückenlose Auswertung, bei der sichergestellt sein muß, daß
Manipulationen der Kontrollvermerke ausgeschlossen sind. Werden die Protokolle in Klartext ausgedruckt, so werden sie
ebenfalls manuell ausgewertet. Dabei ist vorteilhaft, die
Protokolle in übersichtlicher Form zu erstellen, um die Auswertung zu erleichtern. Die Abstände sollten möglichst klein
sein, die Auswertung also täglich oder wöchentlich erfolgen,
nicht nur monatlich oder vierteljährlich, um Verstöße recht-
zeitig aufzudecken und weitere Verstöße durch entsprechende
Sicherungsmaßnahmen zu verhindern.

Die <u>automatische Auswertung</u> der Protokollaufzeichnungen hat
den Vorteil, daß bei entsprechender Sicherung der Auswertungs-
Programme kaum noch eine Manipulation oder Umgehung möglich ist.
Automatische Auswertungen können durch lückenlose Auswertungsroutinen oder durch Teilauswertungsroutinen erfolgen. Verbrei-
tet sind automatische Auswertungsroutinen, die immer dann ein-
greifen, wenn dem System Fehler gemeldet worden sind. Es findet z.B. eine Auswertung der Aufzeichnungen über den Datenein-
gabevorgang erst statt, wenn eine bestimmte Anzahl fehlerhafter Zugriffsversuche vorausgegangen ist. Schließlich können
die Protokolle für Auswertungszwecke nach statistischen Methoden verdichtet werden, um den Protokollumfang zu reduzieren.
Automatische Auswertungen bieten grundsätzlich den Vorteil, gegen menschliche Unzulänglichkeiten besser geschützt zu sein,
zudem bieten sie bei Massenverarbeitung Kostenvorteile gegenüber manuellen Auswertungsmaßnahmen.

4.5. Operationsberechtigung

Hat ein Benutzer Zugang zum System erhalten, so ist durch
eine Überprüfung der Operationsberechtigung zu gewährleisten,

daß er nur entsprechend seiner Befugnis Eingaben, Ausgaben,
Modifikationen oder Löschungen der Daten veranlassen kann.
Dies setzt einen Rückgriff auf bereits erfolgte oder neue
Identifizierung voraus.

In der Regel wird der Zugriff auf Daten durch Programme erfolgen, die Aktualisierungen und Auswertungen vornehmen. Da
ohne Programmänderung keine anderen als die vorgesehenen Daten gelesen, verarbeitet und beschrieben werden können, reduziert sich dabei das Mißbrauchsrisiko auf die unberechtigte Ausführung bzw. die Erstellung und Benutzung eines Programms.
Andere Schwierigkeiten treten auf, wenn ein Programm oder ein
Programmpaket für mehrere Benutzer mit unterschiedlichen Be-
fugnissen zur Verfügung steht (vor allem bei Auskunfts- und
Datenbanksystemen).
Eine noch breitere Verfügung über Systemleistungen ermöglichen die Befehle und Routinen des Betriebssystems. Deshalb
sind gewisse Befehle - z.B. Ausdruck des gesamten Hauptspei-
cherinhalts (DUMP) - nur bestimmten Benutzern vorzubehalten.
Zum anderen ist auch zu verhindern, daß Anwenderprogramme
Betriebssystemfunktionen usurpieren können (privilegierte
Befehle absetzen).

Die Maßnahmen zur Überprüfung der Operationsberechtigten können
- an den Programmen ansetzen, indem diese speziell gesichert
  werden;
- auf der Benutzeridentifikation aufbauen, indem jedem identi-
  fizierten Benutzer nur bestimmte Operationen zugeordnet sind
  und
- an die Einhaltung bestimmter Kombinationen zwischen bean-
  spruchter Operation und identifiziertem Benutzer, Programm
  oder Geräten gekoppelt sein.

Bei einer (benutzer-)identifikationsabhängigen Operationsbe-
schränkung werden zweckmäßigerweise beide Überprüfungen -
die auf berechtigte Benutzung der Anlage (Benutzeridentifikation) und die auf berechtigte Ausführung eines bestimmten
Programms (Operationsberechtigung) - miteinander verbunden.
Die Operationsberechtigung ist damit nicht nur von der Kenntnis der Namen oder Kennsätze von Programmen, sondern auch
von der Identifikation abhängig.

Der Zusammenhang zwischen Identifikation und Operationsberechtigung wird über eine in der ADV-Anlage abgespeicherte Autori-
sierungstabelle (authorization schema) hergestellt. Durch Vergleich der Eintragungen in der Tabelle mit der eingegebenen
Identifikation und dem angeforderten Programm wird die Berechtigung überprüft, d.h. die Operation wird gestartet oder abge-
wiesen. Darüber hinaus muß gewährleistet sein, daß aus Programm-
men heraus nicht weitere Programme oder Routinen unbefugt aufgerufen werden können. Um identifikationsabhängige Überprüfungen auch dafür vornehmen zu können, muß die Identifikations-
Chiffre in einem dem Programm zugeordneten Speicherbereich abgelegt sein. Jedes aufgerufene Programm oder die in der Folge
auszuführenden Programme können dann auf Operationsberechtigung hin überprüft werden, ohne daß der Benutzer selbst sich
erneut identifizieren müßte.

Ein Vorteil derartiger Verfahren ist die Möglichkeit, individuelle Operationsberechtigungen zu vergeben und isoliert zu ändern. Auch wird die Protokollführung vereinfacht, da jeder
Rechnertätigkeit eine Identifizierung zugeordnet werden muß.

Die zu erzielende Sicherheit ist absolut, sofern keine Manipulationen des Betriebssystems möglich sind, die Autorisa-
tionstabelle, wenn sie außerhalb der ADV-Anlage (z.B. gedruckt)

vorliegt, nicht unbefugt eingesehen werden kann, und damit
zusammenhängend die Benutzeridentifikation absolut sicher
ist.

Als Nachteil muß angesehen werden, daß diese Maßnahmen je nach
Anzahl der zugelassenen Benutzer, der zu schützenden Programm-
me (und Daten) und der unterschiedlichen Möglichkeiten der Benutzung umfangreichen Speicherplatz erfordert. Auch muß das
Betriebssystem Ansatzpunkte für entsprechende Verfahrensweisen bieten, soll es nicht individuell erweitert werden.

4.6. Abgangskontrolle

4.6.1. Auftrags-, Transport- und Empfangsbefugnis

Um eine effiziente personenbezogene Abgangskontrolle entwik-
keln zu können, muß der betriebliche Datenträgerfluß auf drei
spezifische Befugnisse hin analysiert werden: Auftragserteilung, Transport und Empfang. Die zu erteilenden Befugnisse
sind streng zu unterscheiden in bezug auf internen und externen Transport der Datenträger. Die Zahl der für externen Transport befugten Mitarbeiter muß auf ein Mindestmaß begrenzt
werden.

Sämtliche Befugnisse müssen schriftlich dokumentiert sowie in
regelmäßigen Abständen überprüft und aktualisiert werden.

Im Rahmen der <u>Auftragsbefugnis</u> ist für jeden Mitarbeiter festzulegen, für welche Datenträger die Befugnis gilt, bei welchen
Aufgaben eine Entfernung von Datenträgern vorgesehen ist, bei
welcher Auftragserteilung eine zusätzliche Unterschrift notwendig wird (Vier-Augen-Prinzip) und ob terminliche oder andere (z.B. mengenmäßige) Beschränkungen vorliegen. Sind Arbeits-

platzbeschreibungen vorhanden, so lassen sich die entsprechenden Datenträger schnell ermitteln und die Befugnisse ausreichend genau für interne Transporte festlegen. Für externe Befugnisse sind dagegen umfassende Analysen und spezifizierte
Angaben notwendig.

Wird einem Mitarbeiter die <u>Befugnis zum Transport</u> eines Datenträgers erteilt, so ist festzulegen, von welchem Mitarbeiter
er entsprechende Aufträge entgegennehmen kann, wie und wann
die Transporte durchzuführen sind (in welchen Transportbehäl-
tern etc.), wohin bestimmte Datenträger zu gelangen haben und
wer die autorisierte Empfangsperson ist. Für die vergleichsweise seltenen Fälle des Transportes hochsensibler Datenträger auf magnetcodierten Datenträgern sollte wegen des hohen
Risikos die Befugnis sogar auf bestimmte Transportwege eingeschränkt werden.

Während im Rahmen des betriebsinternen Datenträgerflusses der
<u>Empfänger</u> sensibler Datenträger durch die bei der Transportbe-
fugnis autorisierte Person weitgehend festgelegt ist, müssen
für den externen Transport durch betriebsfremdes Personal (Ku-
rierdienst, abholende Unternehmung etc.), die zum Empfang autorisierte Person bestimmt und dem Auftraggebenden oder der
Versandabteilung bekannt gegeben werden. Zusätzlich muß bei
der transportierenden Unternehmung eine Kontaktperson vorhanden sein, wenn Rückfragen notwendig werden (z.B. zur Person
des Abholenden bei Wechsel ohne entsprechende Meldung).

4.6.2. Sonstige Anweisungen

Die unbefugte Entfernung von Datenträgern kann wesentlich erschwert werden, wenn Folgendes organisatorisch sichergestellt
wird:

- Tragen von Dienstkleidung
- Verbot von Taschen (Aktentaschen, -koffer etc.).

Diese Maßnahmen können nur in Unternehmungen mit abgeschlos-
senen ADV-Abteilungen in Verbindung mit Personalgarderoben
durchgeführt werden. Dagegen können Unterbringungsmöglichkei-
ten für Taschen durch einfache Fächerwände in einem Vorraum
der Sicherheitszone eingerichtet werden.

5. Gerätebezogene Maßnahmen (bei Datenübertragung)

5.1. Geräte-Identifikation

Die Identifizierung des zentralen Computers durch ein Terminal oder umgekehrt ist insbesondere bei Wählleitungen eine wichtige Maßnahme, um unberechtigte Speicherzugriffe zu verhindern. Da bei Datenübertragung über das öffentliche Netz im Prinzip jeder Teilnehmer eine Zentralanlage anwählen kann, können insbesondere die Sicherungsmaßnahmen umgangen werden, die an das Terminal gebunden sind - z.B. Schlüssel oder Ausweiskarten. Auch ist die Möglichkeit zu umfangreichem Probieren gegeben - z.B. um ein Paßwort zu ermitteln: Nach Unterbrechung der Verbindung kann der Rechner erneut angewählt werden. Von noch größerer Bedeutung ist das Risiko, daß durch eine Fehlverbindung im Netz oder durch Irrtümer beim Wählen sensible Daten oder Auswertungen an falsche Adressaten übermittelt werden.

Durch die Geräteidentifizierung kann eine Zuordnung der Terminals zu bestimmten Benutzern und/oder Berechtigungsgruppen so erfolgen, daß bestimmte sensible Daten nur zu besonders gesicherten Terminals - z.B. in eigene Räume - übertragen werden.

Dabei können folgende Möglichkeiten der Identifizierung unterschieden werden:

- Die ADV-Anlage erkennt die Datenstation an feststehenden Merkmalen. Dies ist z.B. die Adresse, die jeder Mitteilung vorausgehen muß.

- Die ADV-Anlage fordert eine Datenstation auf, sich zu identifizieren. In diesem Fall übermittelt das Terminal automa-

tisch einen Kennschlüssel, wenn der Rechner sich seinerseits
durch eine spezifische Zeichenfolge (die 'Aufforderung')
identifiziert hat.

Die entsprechenden Signale können fest, variabel, hardware-
oder software-generiert sein, häufig werden für hohe Siche-
rungsansprüche Kombinationen beider Identifikationsmöglichkei-
ten implementiert.

Die Vorteile der Geräteidentifizierung wirken besonders beim
Anschluß an größere Netze, da hier immer die Gefahr von Fehl-
übermittlungen (z.B. durch Adressenänderung) besteht. Die
Kosten für die Geräteidentifizierung sind vergleichsweise
gering, insbesondere, wenn - wie häufig vorhanden - entsprechende Möglichkeiten bereits vom Hersteller angeboten werden.
Als Nachteil macht sich jedoch bemerkbar, daß ein Ausweichen
auf andere Datenstationen - im Fall eines Versagens eines Terminals - nicht mehr ohne weiteres durchführbar ist. In einem
solchen Fall sind vorher die entsprechenden internen Zuord-
nungstabellen zu ändern, so daß eine normalerweise von diesem
'Ausweichterminal' nicht akzeptierte Anforderung als rechtmäs-
sig interpretiert wird. Bei der Umschaltung besteht die Gefahr
der Verwechslung gesicherter und ungesicherter Terminals.

5.2. Übertragungsweg und Zusatzeinrichtungen

Der Datenübertragungsweg stellt die wesentliche Schwachstelle
im Übertragungssystem dar, denn er bestimmt den konkreten Kom-
munikationspartner. Zu unterscheiden sind Standleitungen und
Wählleitungen. Die Dokumentation einer Standleitung sollte deren Schnittstellen (Anschlußpunkte, Netzknoten etc.) nachwei-
sen, sowie die sonstigen qualifizierenden Merkmale (z.B.

Leitungsstabilität, Knotenpunkte etc.). Bei der Nutzung von
Wählleitungen kann nur von der regelmäßigen, d.h. der vom
Verfahren vorgesehenen Übermittlung ausgegangen werden. Auch
hier sollte insbesondere auf mögliche Schnittstellen, wie
sie auch eine Vermittlungseinrichtung darstellt, geachtet
werden.

Grundsätzlich endet die Kompetenz des Benutzers zur Kontrolle
des Datenübertragungssystems an der Schnittstelle zum Datenübertragungsweg. Häufig kann der Anwender jedoch auch hier
seinen Kontrollbereich derart ausdehnen, daß er die hausinternen Verteiler in seine regelmäßigen Kontrollen mit einbezieht.
Da es sich hier um anzapfbare Drahtverbindungen handelt, können Daten unbefugt gelesen werden, indem eine unautorisierte
Verbindung zu einem Gerät hergestellt wird, das den eigentlichen Empfänger simuliert. Die Verlegung der Kabel in verdeck-
ten Schächten trägt dazu bei, einerseits Kontrollen zu erleichtern, andererseits den Zugriff zu erschweren. Die Entscheidung, ob Datenleitungen separat von anderen stromführen-
den Kabeln zu verlegen sind, ist im Einzelfall zu prüfen. Auf
jeden Fall sind die Angaben der Hersteller zum Einstrahl-Stör-
schutz genau zu beachten, um nicht zusätzliche Störquellen zu
generieren. Ein Verkabelungsplan kann Hilfe in zweierlei Hinsicht sein: Er erleichtert sowohl die Fehlersuche im 'Normal-
betrieb' (als Instrument des Technikers), zum anderen unterstützt er die Bemühungen einer präventiven Analyse.

Die Sicherung der Datenleitung außerhalb des Grundstücks kann
nicht Aufgabe des Anwenders sein. Doch sind auch hier mit dem
jeweils für den Übertragungsweg Verantwortlichen abgestimmte
Maßnahmen möglich. Aufgrund der Schalttechnik, der ein Modell
des hierarchischen Verteilers zugrundeliegt, ist es möglich,
den für einen DV-Anwender bestimmten Knoten zu identifizieren.

In Abstimmung mit der Deutschen Bundespost sollte es in adäquaten Problemlagen möglich sein, Risikopunkte festzustellen und evtl. abzuändern. Dabei kommen ähnliche Maßnahmen in Betracht wie bei der hausinternen Sicherung.

Beim Aufbau des individuellen Sicherungssystems sollte auch die Auswahl der Datenübertragungsleitung als Parameter berücksichtigt werden. Sowohl Stand- wie auch Wählleitungen haben ihre spezifischen Vor- und Nachteile.

Ist es möglich, den Verlauf einer Standleitung exakt anzugeben, so ist er bei einer Wählleitung zufallsbedingt. Die Überwachung einer Standleitung mit Hilfe eines Monitors wird dadurch erleichtert, daß deren Qualitätsstandard bekannt ist. Somit ist er als vergleichender Sollwert heranzuziehen, wodurch Abweichungen relativ leicht feststellbar werden.

Das 'Tunen' einer Leitung ist nur bei Standleitungen möglich. Diese Technik paßt Datenübertragungsleitung und -anforderungen durch abgestufte Qualitätsverbesserung auf dem Übertragungsweg an. Daten-Veränderungen bei der Datenübertragung durch Rauschen, Knacken etc. können somit systematisch abgebaut werden.

Zur Sicherung der Daten selbst vergleiche Punkt 7.

6. Datenträgerbezogene Maßnahmen

Dieses Kapitel behandelt:

6.1. Archivierung
6.2. Transport
6.3. Vernichtung

6.1. Archivierung

Dieser Abschnitt enthält folgende Punkte:

6.1.1. Verwaltung
6.1.2. Lager und Schränke
6.1.3. Auslagerung
6.1.4. Entnahme

6.1.1. Verwaltung

Folgende Gesichtspunkte sollten bei der Verwaltung der archi-
vierten Datenträger berücksichtigt werden:

(1) <u>Getrennte Aufbewahrung</u> von Programmen, Stammdaten und Bewegungsdaten
Die getrennte Aufbewahrung von Programmen, Stammdaten und
Bewegungsdaten erschwert Manipulationen, da auf drei Datenträger zugegriffen werden muß, ggfs. an drei verschiedenen Standorten.

(2) <u>Aufbewahrung der Datenträger nach fortlaufenden Archivnum-
mern</u>

Durch eine Archivierung nach fortlaufender Numerierung erhält jeder Datenträger einen festen Standort. Das (zu häufige oder zu lange) Fehlen eines Datenträgers fällt unmittelbar auf.

(3) <u>Bestandsüberwachung</u> mit Hilfe von Datenträger-Identitäts-
karten
Neben der Archivnummer sollten der Name des Benutzers, die
Kapazität, der Aufbewahrungsort und bei Magnetspeichern
das Freigabedatum angegeben sein. Zweitausfertigungen dieser auf den Datenträgern befestigten Karten, die keine
Auskunft über den Inhalt geben, werden zu einer Kartei zu-
sammengestellt, die zentral verwaltet werden sollte und
bei ständiger Aktualisierung eine genaue Bestandsüberwa-
chung erlaubt.

(4) <u>Einhaltung der Aufbewahrungs-, Löschungs- und Sperrfristen</u>
Die Einhaltung dieser für jede Datei unterschiedlichen
Fristen bedarf einer möglichst langfristigen Planung. Nach
einer Zeittafel, in die Anweisungen bezüglich Löschung,
Sperrung, Freigabe etc. für jede Datei eingetragen werden,
sollten die Datenträger mit den entsprechenden Vermerken
versehen bzw. aus dem Archiv entfernt werden. Diese Hinweise können auch automatisch erzeugt werden, wenn der
Rechner entsprechende Zeittafeln verwaltet.

(5) <u>Unregelmäßige Inventuren</u>
Mit Unterstützung der Revision müssen aperiodische Überprüfungen des Datenträgerbestandes im Sinne eines Soll-
Ist-Vergleichs durchgeführt werden. Zusätzlich empfiehlt
sich die stichprobenartige Kontrolle des in den Unterlagen
angegebenen Verbleibs der Datenträger.

(6) <u>Wartung und Pflege der Datenträger</u>
Sowohl die periodische technische Überprüfung und Wartung
der Magnetspeicher als auch die Kontrolle der äußeren
Bedingungen (Einhaltung der Grenzwerte für Luftfeuchtig-
keit und Temperatur, Vermeidung von Staubeinwirkungen und
anderen physischen Beschädigungen) sind unumgänglich, um
die jederzeitige Verfügbarkeit aller Datenträger-Inhalte
zu gewährleisten.

(7) <u>Begrenzung der Transparenz</u>
In den meisten Archiven ist die Identifikation einzelner
Datenträger und ihres Inhaltes anhand aufgeklebter Etiketten verschiedenster Art möglich. Dies birgt die Gefahr,
zahlreiche Personen unnötigerweise zu informieren. Um die
Identifizierung von Datenträgern durch Unbefugte zu erschweren, sollte die Archivierung ausschließlich nach
fortlaufender Nummer erfolgen.

(8) Rechnergesteuerte Überwachung des Bestands
In Einzelfällen kann die Transparenz für Mitarbeiter fast
völlig aufgehoben werden und die entsprechenden Angaben
werden vom Rechner selbst verwaltet. Auf Anforderung nach
Datenträgern ermittelt der Rechner Art und Standort des
Datenträgers, prüft die angegebenen Befugnisse und gibt
den Datenträger frei.
Bei einigen wenigen Großanlagen übernimmt der Rechner so-
gar die physische "Lagerführung" der Datenträger (sog.
"Wabenspeicher").

6.1.2. Lager und Schränke

Die umfangreichsten baulichen Maßnahmen werden bei der Ein-

richtung von <u>Datenträger-Lagern</u> notwendig. Meist wird dieser
Aufwand nur bei Datenträgern der automatisierten Datenverarbeitung gerechtfertigt sein; in Einzelfällen können aber auch
Archivlager der manuellen Datenverarbeitung eingerichtet werden. Bei den baulichen Maßnahmen sollten folgende Grundsätze
berücksichtigt werden:

(1) <u>Abgeschlossenheit</u>
Das Datenträger-Lager muß eine in sich abgeschlossene
Räumlichkeit sein. Nur so kann eine wirkungsvolle Abgangskontrolle garantiert werden. Zur Lagerung speziell zu si-
chernder Datenträger sind abgetrennte Sektionen in einem
ansonsten zugänglichen Bereich unzureichend.

(2) <u>Sicherung</u>
Das Datenträger-Lager muß gesichert sein. Dies betrifft
sowohl eine alarmtechnische Sicherung als auch besondere
Maßnahmen der Zugangskontrolle.

(3) <u>Übersichtlichkeit</u>
Übersichtlichkeit im Datenträgerarchiv ist aus zwei Gründen zu fordern: Zum einen dient sie einer zügigen und auf-
gabengerechten Archivverwaltung. Zum anderen wird das unbefugte Entfernen von Datenträgern eher bemerkt, wenn
hierdurch eine Lücke in dem geschlossenen Bestand entsteht.

(4) <u>Erreichbarkeit</u>
Das Datenträger-Lager sollte dort installiert werden, wo
es von den einzelnen Orten der Verarbeitung ohne großen
Aufwand erreicht werden kann.

<u>Datenträger-Schränke</u> sind dann einzusetzen, wenn (1) die Zahl personenbezogener Datenträger zu klein ist, um die Einrichtung eines separaten Datenträger-Lagers zu rechtfertigen, (2) die Datenträger in der Nähe dezentral eingesetzter Kleinanlagen verbleiben sollen oder (3) zentral ausgegebene Datenträger unter Verschluß zu halten sind. Es kommen dabei in Frage:

(1) <u>Datenträger-Archivschränke</u>
    Sie sollen unabhängig von ihrer Größe, die durch Zahl und Art der zu lagernden Datenträger (Magnetplatten, -bänder, Formulare etc.) bestimmt wird, in jedem Fall den DIN-Normen entsprechen. Bauliche Maßnahmen werden notwendig, wenn die Schränke einzubauen bzw. fest mit dem Boden zu verbinden sind.

(2) <u>Dezentrale Datenträgerarchivierung</u>
    Bei einem dezentralen Einsatz von Kleinanlagen finden überwiegend kompakte, bewegliche Datenträger-Schränke (z.B. Magnetkarten-Tröge) Verwendung. Zur Sicherung dieser Schränke werden Wand- und Standhalter angeboten, die einen wirkungsvollen Verschluß erlauben.

(3) <u>Ausgabeschließfächer</u>
    Eine wirksame Methode, das unbefugte Entfernen von Output zu verhindern, ist der Einbau von Ausgabeschließfächern. Solche Schließfächer bilden i.d.R. abgeschlossene Trennwände zwischen DV-Stelle und Empfänger. Zu jedem der Fächer haben nur der befugte Empfänger und ein Mitarbeiter der DV-Stelle einen Schlüssel. Häufig ist die Wand jedoch zur DV-Seite hin offen.

6.1.3. Auslagerung

Die Auslagerung von Datenträgern erfolgt in der Regel, um eine Rekonstruierbarkeit der Datenverarbeitung im Not- oder Katastrophenfall zu ermöglichen oder um der Aufbewahrungspflicht für bestimmte Unterlagen nachzukommen (Altarchiv). Stehen mehrere Räumlichkeiten zur Verfügung, so sollten die endgültig zu archivierenden oder die relativ selten zu verarbeitenden Datenträgerbestände gestreut aufbewahrt werden, d.h. zusammengehörende Datenträger sind in verschiedenen Räumlichkeiten zu archivieren, um eine Rekonstruktion des Gesamtbestandes durch Unbefugte zu erschweren. Aus demselben Grund sind sichtbare Inhaltsinformationen von den Datenträgern bzw. -hüllen zu entfernen.

6.1.4. Entnahme

Folgende Gesichtspunkte sollten bei den Richtlinien für die Benutzung archivierter Datenträger berücksichtigt werden:

(1) <u>Verwendung eines Entnahmescheins</u> für jeden Datenträger. Der Entleiher eines Datenträgers ist verpflichtet, den Entnahmeschein mit folgenden Angaben auszufüllen:
   - Name und Abteilung des Entleihers,
   - Datum und Leihzeit der Entnahme,
   - Verwendungszweck,
   - Unterschrift.
   Die Entleihung sollte zwingend von einer Genehmigung der Arbeitsvorbereitung abhängig gemacht werden bzw. nur von ihr vorgenommen werden. Das entsprechende Formular enthält von vorneherein die Datei- und Archiv-Nummer sowie die erlaubte Ausleihdauer des Datenträgers.

(2) <u>Kontrolle von Ausleihfristen</u>
Aus der wahrscheinlichen Verwendungsdauer (basierend auf
Erfahrungswerten) und aus der Sicherheitsklasse der gespeicherten Daten resultieren für jeden Datenträger spezifische Leihfristen. Durch die Fixierung einer 'Soll-Zeit'
ist eine außergewöhnlich lange Nutzung einfach festzustellen. Die Prüfung auf Überschreiten der Entleihfrist kann
durch Sortierung von Entnahme-Durchschlägen nach dem Rück-
gabedatum erfolgen.

(3) <u>Führung von Statistiken</u> über Häufigkeit und Dauer der Ent-
nahmen
Die Auswertung der für das Entleihen ausgefüllten Unterlagen gibt Auskunft über Zusammenhänge zwischen Ausleihhäu-
figkeit und -dauer sowie dafür verantwortlicher Personen.
Kritische Fälle sollten umgehend dem Datenschutzbeauftragten gemeldet werden.

6.2. Transport

6.2.1. Versandrichtlinien und Begleitpapiere

Für einzelne Datenträger, die regelmäßig zum Transport anstehen, müssen eindeutige Vorschriften im Hinblick auf die Ver-
sandart (Post, Bote etc.), die Art der Verpackung (Transportbehälter, Wertpaket, Einschreibsendung etc.) und den normalen
Versandtermin bestehen. Da eine Identifizierung der Datenträger nicht anhand von Aufschriften bzw. Etiketten möglich
sein sollte, müssen entsprechende Versandaufträge durch den
zuständigen Mitarbeiter erstellt werden.

Aus den Begleitunterlagen sollten Art, Anzahl und Herkunft der

Datenträger hervorgehen. Außerdem sind Datum, Uhrzeit und Ort
der Übergabe sowie besondere Vorkommnisse durch die Unter-
schriften der Beteiligten zu dokumentieren. Bei dieser Gelegenheit hat der Überbringer der Datenträger die Empfangsbe-
scheinigung der betreffenden Person anhand seiner Unterlagen
zu prüfen (vgl. auch Pkt. 4.6).

6.2.2. Transportwege und -medien

Um einen Zugriff auf die Datenträger während ihres Transportes
zu verhindern, sollten die Transportwege möglichst kurz und
übersichtlich sein. Bei einem Transport durch Boten sind die
zu benutzenden Wege genau festzulegen, so daß bei Unregelmäßigkeiten der Ort möglicher Übergriffe schnell festgestellt
werden kann. Unabhängig davon sollten die Transportwege in unregelmäßigen Abständen gewechselt werden. Durch die Fixierung
und Kontrolle fester Anlieferungs-/Abholtermine kann der
Transport zeitlich genau abgestimmt werden, so daß Verzöge-
rungen auffallen und nachgeprüft werden können. Die Über-
schreitung der Vorgabezeit ist zu vermerken und auf ihre Ur-
sachen hin zu überprüfen.

Neben dem Einsatz von Boten kann der innerbetriebliche Transport über Rohrpostanlagen, Bandförderanlagen etc. erfolgen.
Diese sollten installationsmäßig sowohl gegen mißbräuchliche
Zugriffe wie gegen materielle Beschädigungen abgesichert sein.
Je nach Art und Sicherheitsklasse der Datenträger sollten diese in möglichst stoßsicheren, antimagnetischen und abschließbaren Behältern transportiert werden. Eine Plombierung kann
bei der Benutzung von Förderanlagen und beim Transport außer
Haus notwendig werden.

6.3. Vernichtung

Datenträger, wie Magnetbänder, -platten, -trommeln und Kassetten, die nicht mehr zur ursprünglichen Verwendung anstehen, sollten umgehend entweder überspielt oder aber gelöscht werden, während nicht mehr benutzte Karteien, Computer-Outputs und sonstige Datenträger vernichtet werden müssen. Hierfür sollte auf jeden Fall ein Reißwolf oder eine Feuerungsanlage zur Verfügung stehen, um verwertbare Rückstände auszuschliessen. Auch die Vernichtung von Kohle- und Durchschlagpapier muß sichergestellt sein.

Die Kontrolle aller zur Vernichtung bestimmten Datenträger ist grundsätzlich nicht möglich, jedoch muß bei einzelnen Datenträgern mit sensiblem Inhalt eine direkte Objektkontrolle vorgenommen werden.

Hierbei sind zu überprüfen und in einem Protokoll festzuhalten:

- Datenträger-Identnummer,
- Auftrags-Nummer,
- Name des autorisierten Mitarbeiters,
- Vernichtungstag, -zeit,
- Vernichtungsart,
- Namen (Kurzzeichen) der Kontrollpersonen.

7. Daten- und programmbezogene Maßnahmen

7.1 Schutz von Dateien

Der <u>individuelle Schutz von Dateien</u> erfolgt durch Maßnahmen
und Vorkehrungen, die es Unbefugten erschweren bzw. unmöglich
machen, eine Datei durch eigene oder (unbefugt) geänderte Programme anzusprechen und zu benutzen.

Die bei automatisierter Datenverarbeitung erforderliche Benen-
nung der Dateien und/oder Satzarten kann einem Unbefugten das
Ansprechen der betreffenden Daten bereits wesentlich erschweren, wenn durch willkürliche Zuteilung von Namen (z.B. alpha-
numerischer Bezeichnung der Dateien) die Transparenz bewußt
abgebaut wird. Dadurch verringert sich die Wahrscheinlichkeit, durch Probieren die richtige Bezeichnung zu erhalten;
Es muß allerdings dafür gesorgt werden, daß Inhaltsverzeich-
nisse u. dergl. hierbei Informationen über Art und Inhalt
der Datei enthalten.

Eine zentrale Dokumentation der Namen und Bezeichnungen (Satzarten, Feldern, Programmen etc.) hat den organisatorischen
Vorteil, daß insbesondere bei überwiegender oder ausschließ-
licher Verwendung von Standardprogrammen das Führen von Verzeichnissen dieser Art an weiteren Stellen überflüssig wird.
Änderungen werden aus Sicherheitsgründen erforderlich, wenn
vermutet oder festgestellt wird, daß eine Reihe der Bezeichnungen außerhalb der zentralen Dokumentation bekannt ist. So
könnten etwa die Programmierer im Laufe der Zeit durchaus eine
Vielzahl von Datei- und Satzartenbezeichnungen in Erfahrung
bringen, die ihnen risikoträchtige Zugriffe erlauben.

Der Vorteil des zentralen Verzeichnisses liegt hierbei in
der vereinfachten Vergabe und Änderung der (willkürlichen)
Bezeichnungen. Zudem ist eine dezentrale Führung von Teil-
verzeichnissen nicht erforderlich. Der Nachteil ist die Notwendigkeit einer verstärkten Sicherung der zentralen Dokumentation. Für die interaktive Arbeit mit dem Rechner -
soweit nicht ausschließlich mit Standardprogrammen gearbei-
tet wird - muß die zentrale Dokumentation ständig verfügbar
sein und somit vom Rechner verwaltet (und gespeichert) werden. Dadurch sind zusätzliche Maßnahmen zur Sicherung zu
treffen.

Die Aufnahme von Benutzernamen, Account- und Projektnummer in
die Dateibezeichnung kann eine zusätzliche Sicherheit bieten,
wobei sich die Bezeichnungen dieser Angaben - z.B. User-ID -
und die Möglichkeiten ihrer Einbeziehung je nach Art der Anlage unterscheiden. In diesem Fall sind zur Ansprache einer
Datei neben der Kenntnis des willkürlichen (d.h. nicht-spre-
chenden) Dateinamens weitere Angaben erforderlich. Zahlreiche
Datenverwaltungs- und Zugriffssysteme bieten diese Möglichkeiten.

Die Abhängigkeit des Dateizugriffs von individuellen Paßworten
kann die Sicherheit zusätzlich erhöhen, da diese nicht so
leicht zugänglich sind wie Account-, Projektnummer etc. Andererseits ist die Verwendung von Paßworten bei einer Vielzahl
von Dateien für die Benutzer sehr beschwerlich, da entsprechend viele Paßworte verwendet werden müssen. Die schriftliche
Aufzeichnung dieser Kombinationen durch die Benutzer oder die
Verwendung gleicher Paßworte für eine Reihe von Daten beeinträchtigt die Sicherungswirkung entscheidend.

Die Vorteile liegen in dem geringen Aufwand dieser Maßnahmen

und der - bei disziplinierter Verwendung der Paßworte - hohen
Sicherheit vor unbefugtem Zugriff. Nachteilig ist, daß die Si-
cherungswirkung von der verantwortungsbewußten Verwendung der
Paßworte durch die einzelnen Benutzer abhängt. Auch wirft die
Änderung von Paßworten etc. Probleme auf, da jeder befugte
Mitarbeiter kurzfristig davon in Kenntnis zu setzen ist, um
Arbeitsabläufe nicht zu unterbrechen. Zudem ist diese Maßnahme
nicht bei jedem Betriebssystem problemlos einzuführen.

Werden Datenbestände angesprochen, können folgende begleitende
Maßnahmen sichernd wirken:

- Erstellung von automatischen Protokollen für Datensatz-
  und -feldänderungen,
- Einsatz von hardware- und/oder softwareunterstützten
  Prüfverfahren zur Erkennung von technischen Fehlern
  (z.B. Paarigkeitsprüfung, Doppellesen, Satz- oder
  Blockzählung).
- Führung und Auswertung von Statistiken über Dateiver-
  wendungen (Zugriffsart, -häufigkeit, -zeit, Benutzer).
- Verwendung von Schreibringen zur Verhinderung des Be-
  schreibens von Magnetbändern.

Folgende Maßnahmen sollten bei der Pflege von Datenbeständen
berücksichtigt werden:

- Löschung alter Datenrestbestände auf den Speichermedien
  nach Überschreibung mit Neudaten,
- Festlegung der Anlässe für die Reorganisation von Datenbeständen (z.B. bei hohem Zeitbedarf für Suchprozes-
  se, oft auftretenden Überläufen, umfangreichen Verar-
  beitungszyklen),
- Richtlinien über die Periodizität der Eingabe von Bewe-

gungs- und/oder Veränderungsdaten zur Wahrung des Aktua-
litätsgrades der Datenbestände (besonders bei Direkt-
verarbeitung),
- Übersicht über die für die verschiedenen Datenarten
verwendeten Speichermedien und Zugriffsverfahren.

Die einem besonderen Schutz zu unterwerfenden Dateien auf Mas-
senspeichern können verschlüsselt werden. Zur Bearbeitung kann
die Datei entweder vollständig entschlüsselt und neu einge-
speichert werden oder es erfolgen für jede Lese- oder Schreib-
operation die notwendigen Ent- bzw. Verschlüsselungen. Das
entsprechende Unterprogramm ist besonders zu sichern und muß
der Überprüfung der Operationsberechtigung unterliegen. Der
Vorteil dieser Sicherungsaktivität liegt darin, daß selbst ein
erfolgreicher, unbefugter Zugriff zu einer Datei ohne Nutzen
ist, solange der Schlüssel des Codes unbekannt bleibt. Das
gilt selbst für den Versuch, über Betriebssystem-Routinen Aus-
züge oder Ausdrucke ganzer Dateien zu erlangen. Ent- und Verschlüsselungen dieser Art können auch auf kleineren ADV-Anlagen durchgeführt werden. Nachteilig ist einmal die durch Ver-
und Entschlüsselungen teilweise wesentliche Erhöhung der Pro-
grammlaufzeiten, zudem müssen unter Umständen spezielle Codie-
rer installiert werden, die variable Schlüssel akzeptieren-,
zum anderen muß organisatorisch die Geheimhaltung des Schlüssels gewährleistet sein. Die Verschlüsselung ist darüber hinaus besonders bei Datenübermittlungen und Datenträgertrans-
porten zu empfehlen.

7.2. Schutz von Datenrestbeständen

Ein intensiver Schutz von Datenrestbeständen ist bei der Wie-
derverwendung von Magnetbändern oder Wechselplatten bzw. Kas-

setten oder Disketten erforderlich, da sonst ganze Dateien
ohne größere Schwierigkeiten Unbefugten zugänglich werden
können (vgl. auch Pkt. 6.3.). Obwohl auch bei der Zuteilung
von Hauptspeicher- oder Massenspeicherplätzen derartige Probleme auftreten können, sind sie durch die meist nicht vorhersehbare Abfolge der Programme bei Mehrprogrammbetrieb und
durch die jeweils unterschiedliche Speicherplatzbelegung
selten von Bedeutung.

Werden Programme für bestimmte Aufgaben mit sensiblen Daten
(Dateien) entwickelt, so sind in den entsprechenden Program-
mierungsrichtlinien Programmabnahme-Kriterien festzulegen, daß
bei Abschluß des Programms die entsprechenden Arbeitspeicher-
bereiche physisch gelöscht werden, z.B. durch Überschreiben
der Speicherbereiche.

Der Vorteil dieses Verfahrens ist zum einen die Einfachheit,
zum anderen ist hierdurch eine absolute Sicherheit gegen die
Verwertung von Daten in den Arbeitsspeicherbereichen nach
der Verarbeitung dieser Programme gegeben. Der Nachteil dieser Überschreibroutinen ist die in manchen Fällen erhebliche
Erhöhung der Programmlaufzeit. Ferner muß die Manipulation
der erstellten Programme ausgeschlossen werden, wozu zusätzlicher Sicherungsaufwand notwendig wird.

Bei austauschbaren Datenträgern (Wechselspeichern wie z.B.
Magnetbändern, Wechselplatten etc.) werden Restbestände sensibler Daten durch Entmagnetisierung oder Überschreiben verhindert. Obwohl die ursprünglichen Daten für die ADV-Anlage
nicht mehr lesbar sind, können sie durch spezielle Verfahren
rekonstruiert werden.

Die Vorteile des Entmagnetisierens oder Überschreibens der
Datenträger liegen in der Sicherheit, die Daten für den Normalfall 'endgültig' zu löschen. Zudem sind die entsprechenden Geräte nicht sehr teuer.

Eine weitere Möglichkeit der Verhinderung des Lesens von Datenrestbeständen ist durch die Erweiterung des Betriebssystems
gegeben. Hierdurch besteht die Möglichkeit für das Lesen von
Dateien, die Zugriffe auf bereits neu beschriebene zu begren-
zen.

Besondere Beachtung gilt der Verhinderung des Lesens (und
Schreibens) eines Programms in den Arbeitsbereichen eines anderen, was z.B. durch Programmfehler oder fehlerhaft zählende
Indizes eintreten kann. In größeren Rechenanlagen übernimmt
das Betriebssystem diese Sicherungsfunktion, indem Speicher-
schlüssel für die zugeteilten Bereiche vergeben und bei jeder
entsprechenden Operation überprüft werden. Diese Routinen sind
häufig hardwaremäßig realisiert. Für höhere Sicherheitsanforderungen reichen organisatorische Maßnahmen (z.B. Auflagen
bzw. Richtlinien über Programmerstellung und Rechnerbelegung)
nicht aus.

Der Vorteil dieser Sicherungsmaßnahme liegt - bei bestehenden
soft- und/oder hardwaremäßigen Voraussetzungen - in der relativ hohen Sicherheit der Verhinderung des Lesens von Daten-
oder Programmrestbeständen. Sie sind jedoch nur in größeren
ADV-Anlagen möglich. Sind diese Routinen nicht Bestandteil
des Betriebssystems (bzw. der Hardware), so ist ihre nach-
trägliche Einrichtung mit hohem kostenmäßigen Aufwand verbunden.

7.3. Schutz von Programmen

Der Schutz feststehender (Benutzer-)Programme gegen unbefugte
Benutzung ist im hohen Maße von einer sinnvollen Organisation
der Programmerstellung, Programmpflege und Dokumentation abhängig. Eine grundlegende Voraussetzung dafür ist, daß die
Programme aus einer Programmbibliothek aufgerufen und ausge-
führt werden. Änderungen und Neueintragungen bzw. Löschungen
in diesem Programmfile können dann einer einzigen Stelle übertragen werden. So ist ein erster Schutz gegen Programm- und
die dadurch gegebenen Datenmanipulationsmöglichkeiten erreicht.

Darüberhinaus müssen die Programme wie Daten bzw. Dateien im
Einzelfall durch Überprüfen der Operationsberechtigung (Paßworte, Identifizierungen, Autorisierungstabellen etc) geschützt
werden. Bei der Erstellung neuer Programme gilt das gleiche
analog für evtl. mitbenutzte, bereits bestehende Programm-
(Module) und anzusprechende Daten.

C. Probleme der Effizienzbestimmung bei Auswahl und Durchführung von Datenschutz- und Datensicherungsmaßnahmen

Dieser Teil des Buches behandelt die wirtschaftlichen Aspekte
des Datenschutzes und der Datensicherung. Im Einzelnen befassen sich die folgenden Kapitel mit

1. Die wirtschaftliche Effizienz der Durchführung von
   Datenschutz-/Datensicherungsmaßnahmen
2. Die Durchführung der Maßnahmen als Gestaltungsprozeß
3. Kosteneinflußgrößen bei der Durchführung der Maßnahmen
4. Übersicht über die Kosten-Struktur der einzelnen Maßnahmen

1. Die wirtschaftliche Effizienz der Durchführung von
   Datenschutz-/Datensicherungsmaßnahmen

1.1. Grundlegende Probleme der Wirtschaftlichkeitsbestimmung

Das primäre Ziel von Datenschutz- und -sicherungsmaßnahmen ist
mit den gesetzlichen (Mindest-)Forderungen durch die Bestimmungen des Datenschutzgesetzes gegeben. Für die Durchführung
der Maßnahmen in der Praxis sind aber auch die aus den individuellen betrieblichen Sicherungsanforderungen abgeleiteten,
sekundären Ziele zu berücksichtigen. Hierdurch können für
den Betrieb verschiedenartigen "Zusatz-Nutzen" realisiert
werden.

Die Kosten sind je nach Maßnahme verschieden hoch und setzen
sich jeweils unterschiedlich zusammen. Sie hängen stark von
der Organisation des Betriebes, vor allem seines Datenverarbeitungssystems, ab. Neben den verschiedenen Leistungsträgern
("Man-Power"; ADV-Systemkapazität) sind die wichtigsten Ko-

stengruppen die Kosten der Vorbereitung und des Einsatzes
(Implementierung) einerseits sowie die Kosten des laufenden
Betriebs von Datenschutz-/Datensicherungsmaßnahmen andererseits. Zur realistischen Untersuchung der Kosten und als
Entscheidungsgrundlage zugunsten bestimmter Maßnahmen sind
deshalb die verschiedenen Schritte der Maßnahmendurchführung
und der dabei verursachte Aufwand genauer zu bestimmen.

Das allgemeine Kriterium der Wirtschaftlichkeit von Daten-
schutz-/ und -sicherungsmaßnahmen ist im optimalen Einsatz der
verfügbaren Mittel zur Erreichung gegebener Ziele (die gesetzlichen Forderungen und die betriebsindividuellen Ziele)
zu sehen. Ein wesentliches Problem bei der Erfüllung dieses
allgemeinen Wirtschaftlichkeitskriteriums liegt darin, daß
kein Maßnahmen-Katalog des Gesetzgebers vorliegt, mit dem im
individuellen Fall zweifelsfrei festgelegt werden kann, welche Maßnahmen im einzelnen zur Erfüllung der gesetzlichen
Bestimmungen hinreichen. Auch liegen keine Erfahrungswerte
darüber vor, welche Kosten die Erfüllung der gesetzlichen
Forderungen nach sich zieht. Erst recht mangelt es an allgemeingültigen und verbindlichen Anhaltspunkten dafür, welche
Kosten bestimmte Einzelmaßnahmen verursachen.

Hinzu kommt, daß aus einzelbetrieblichen Sicherungs-Bedürfnis-
sen heraus fast immer zusammen mit den gesetzlich bedingten
Datenschutz- und -sicherungsmaßnahmen ergänzende Datensiche-
rungs-Vorkehrungen getroffen werden. Damit ist - auch im Be-
triebsvergleich - eine eindeutige Auseinandergliederung der
verschiedenen Kostenfaktoren nur sehr schwer möglich. Das
alles hat zur Folge, daß man sich mit Wirtschaftlichkeits-
analysen begnügen muß, die weitestgehend durch die betriebsindividuellen Akzente und Zielvorstellungen bestimmt sind.

Dieser Abschnitt konzentriert sich deshalb darauf, die wesentlichen potentiellen Einflußgrößen der Wirtschaftlichkeit von
Datenschutz-/Datensicherungsmaßnahmen aufzuzeigen. Dabei soll
ein möglichst breit angelegtes Analyse-Raster angeboten werden, mit dem für jeden individuellen Anwendungsfall die
wichtigsten Einflußgrößen ausgewählt und aufgrund der hier
vorgelegten Daten grob eingeschätzt werden können, um dann
in einer detaillierten Weise auf die spezifischen Situationen
bezogen zu werden.

1.2. Verfahren zur Bestimmung der Wirtschaftlichkeit von
     Datenschutz-/Datensicherungsmaßnahmen

Zur Bestimmung der Wirtschaftlichkeit verschiedener Daten-
schutz-/Datensicherungsmaßnahmen und letztlich zur Auswahl
der wirtschaftlichsten Alternative stehen grundsätzlich zwei
Verfahrensansätze zur Verfügung,

    - Kosten-Vergleichs-Verfahren und
    - Nutzwert-Verfahren

Die beiden Verfahren haben unterschiedliche Zielrichtungen und
Voraussetzungen und verursachen unterschiedlichen Aufwand bei
ihrer Anwendung. Ihnen ist gemeinsam, daß sie Bewertungsmaße
liefern, mit denen wirtschaftliche Entscheidungen getroffen
werden können, und daß die Kosten bzw. der Aufwand im Mittelpunkt der Betrachtung stehen. Im Rahmen beider Verfahren sind
Kosten<u>schätzungen</u> erforderlich.

Die <u>Kosten-Vergleichs-Verfahren</u> setzen voraus, daß die verschiedenen ins Auge gefaßten Alternativen das gesetzte Ziel in
gleicher Weise erfüllen. Die Auswahl kann dann anhand eines

Kostenvergleichs herbeigeführt werden. Üblicherweise werden
die verschiedenen Kostenfaktoren in monetären Größen ausge-
drückt.

Bei den <u>Nutzwertverfahren</u> werden ausdrücklich verschiedene
Nutzenkategorien unterstellt; sie sind aus dem Zielsystem ab-
geleitet. So können für Datenschutz-/Datensicherungsmaßnahmen
beliebige über den gesetzlich bestimmten Rahmen hinausgehende
zusätzliche Anforderungen in den Alternativenvergleich einbezogen werden. Es wird ferner davon ausgegangen, daß die einzelnen Alternativen in unterschiedlichem Maße zu einzelnen
Anforderungen des Anforderungsspektrums beitragen können. Das
unterschiedliche Ausmaß der Zielerreichung wird geschätzt und
anschließend in unterschiedliche Nutzwerte - eine fiktive
Zahl - überführt. Dabei werden Bewertungsgewichte (z.B.
"Punktsysteme") vorgegeben, die die verschiedenen "Nutzwerte"
vergleichbar machen. Anhand bestimmter Berechungsregeln werden die verschiedenen Einzelwerte zusammengefaßt und in
einen Gesamtwert - den "Gesamtnutzen" -überführt. Der Gesamtnutzen enthält dann auch die Kosten-(Werte); die Kosten der
Maßnahmen werden dabei nicht als Geldwerte behandelt, sondern in numerische Werte umgeformt, die mit den anderen Werten vergleichbar sind. Der Gesamtnutzen der einzelnen Alternativen ist dann Grundlage der Bewertung und Auswahl der
verschiedenen Alternativ-Maßnahmen.

Auf Hinweise und Probleme bei der praktischen Durchführung der
beiden Verfahren soll an dieser Stelle nicht näher eingegangen
werden. Im Mittelpunkt steht vielmehr die möglichst vollständige Erfassung möglicher Kosteneinflußgrößen bei der Durchführung von Datenschutz-/Datensicherungsmaßnahmen. Eine derart
breit gefächerte Untersuchung der Kosten ist beiden Verfahren
dienlich, wenn auch die Kosten in unterschiedlicher Weise ver-
rechnet und zusammengefaßt werden.

2. Die Durchführung der Maßnahmen als Gestaltungs-Prozeß

Die Durchführung von Datenschutz-/Datensicherungsmaßnahmen hat
mit anderen organisatorisch-technischen Veränderungen im Betrieb vieles gemeinsam. Erstens sind für die Wirtschaftlichkeit bestimmter Maßnahmen nicht nur "sachlogische" Kriterien
ausschlaggebend, sondern eine Fülle organisatorischer Bedingungen, die mit der konkreten betrieblichen Situation
gegeben sind.

Zweitens ist es auch bei Datenschutz-/Datensicherungsmaßnahmen
zweckmäßig, Vorbereitung und Implementierung einerseits und
laufenden Betrieb andererseits zu unterscheiden. Pointiert
gesagt kann über das Verhältnis beider Phasen folgende Aussage getroffen werden: Je besser - und damit in der Regel je
aufwendiger - die Vorbereitung von Datenschutz- und Datensicherungsmaßnahmen desto besser - und in der Regel weniger
aufwendig - gestalten sich die Umstellungsphase und der laufende Betrieb.

Schematisch sieht dieser Zusammenhang wie folgt aus:

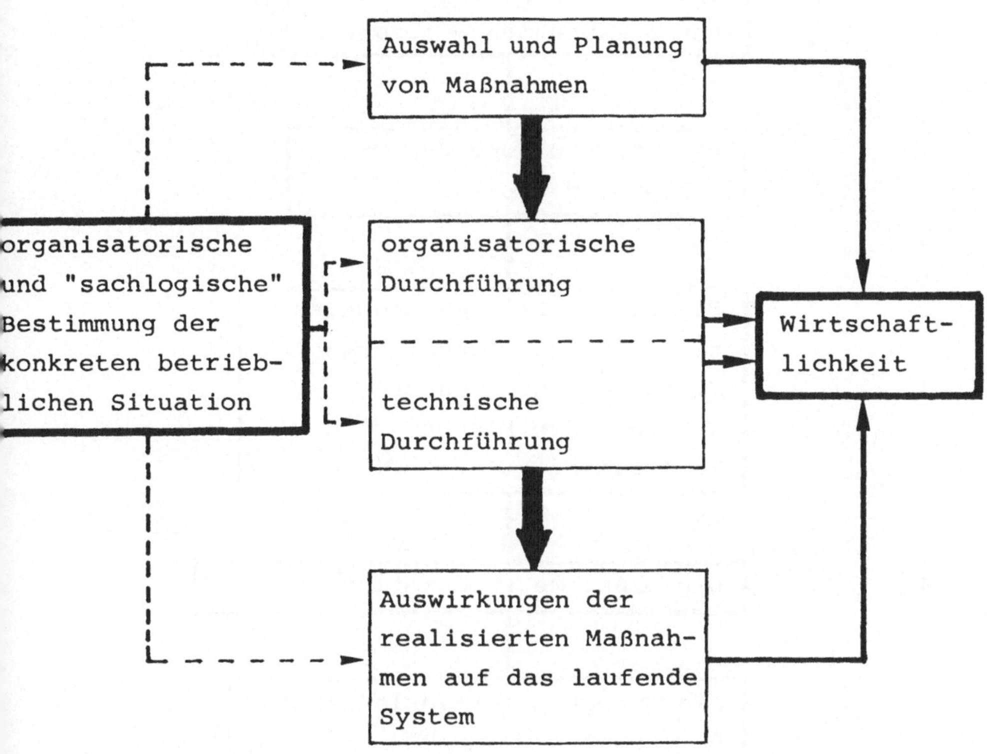

Abb. 18: Durchführung von Maßnahmen

Die verschiedenen Schritte der Durchführung - wie sie für die Untersuchung der Wirtschaftlichkeit bedeutsam sind - zeigt folgendes Schema:

Schritt

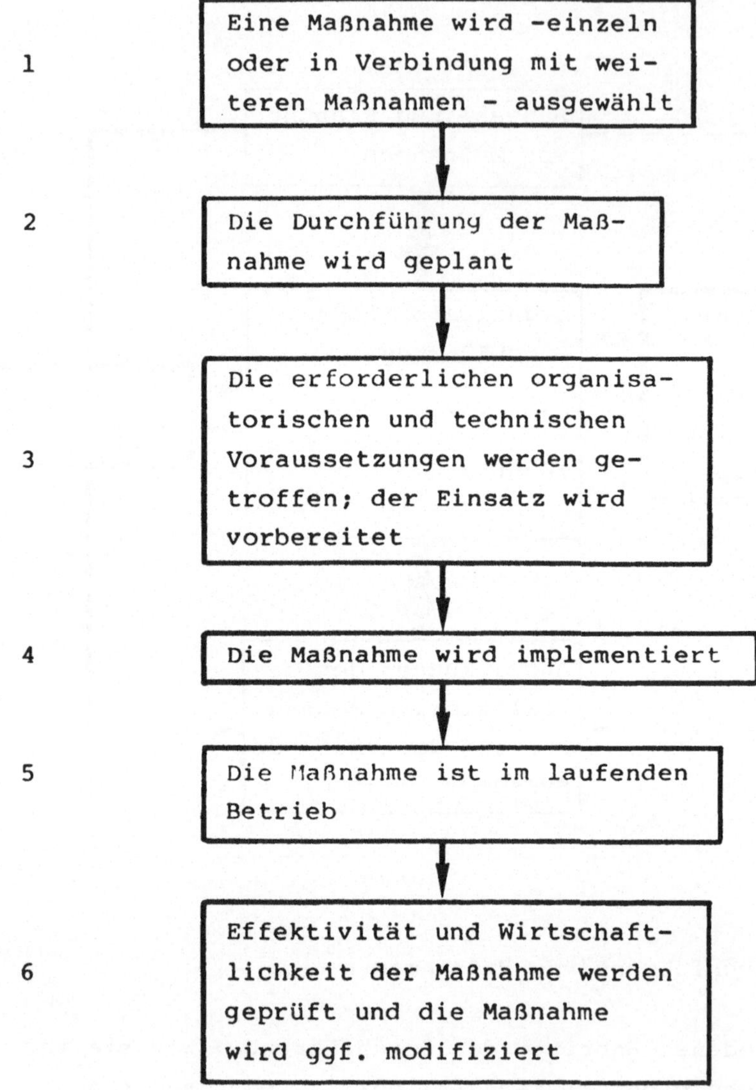

Abb. 19: Ablauf der Durchführung

Die Wirtschaftlichkeitsuntersuchung, die Aufschluß über die Entscheidung für bestimmte Maßnahmen geben soll, ist im 1. Schritt enthalten. Der Aufwand, den die zur Entscheidung stehenden - alternativen - Maßnahmen verursachen, ist zu diesem Zeitpunkt für alle weiteren Schritte vorauszuschätzen.

3. Kosteneinflußgrößen bei der Durchführung von Maßnahmen

Grundsätzliches Ziel ist - vor allem bei Anwendung der Kosten-Vergleichs-Verfahren - eine Ermittlung der Durchführungskosten auf monetärer Ebene, in bezug auf die Auszahlungsströme und die Konsequenzen für die Geschäftsbuchhaltung und Kostenrechnung. Erwünscht sind möglichst genaue Schätzungen. Beides ist jedoch nur in wenigen Fällen möglich.

In dem nachfolgend vorgeschlagenen Modell zur Ermittlung der Wirtschaftlichkeit von Datenschutz-/Datensicherungsmaßnahmen wird deshalb versucht, die Kosten auf mehreren Ebenen zu analysieren.

3.1. Übersicht über die allgemeinen Kostenfaktoren

Die den geldwerten Kosten nächste Ebene sind die "allgemeinen Kostenfaktoren", die den noch nicht in Geld ausgedrückten Verbrauch von Gütern und Leistungen wiederspiegeln:

- menschliche Arbeitsleistung - "Man Power"
- ADV-Systemleistung, die "System-Zeit"
- Geräte und technische Vorrichtungen
- Materialverbrauch

Diese Kostenfaktoren sollen mit den durch die verschiedenen Maßnahmen verursachten Leistungsmengen in Ansatz gebracht werden. Sie sollen vorrangig eine praktikable Bezugsbasis für den Kosten-Vergleich alternativer Maßnahmen(-Bündel) sein. Eine weitere Aufgliederung der Faktoren erleichtert die spätere, individuelle Wertzuweisung zu den jeweils ermittelten Leistungsmengen. Die wichtigsten dieser allgemeinen Kostenfaktoren sind in folgender Übersicht zusammengefaßt:

Man-Power

- Organisation
- Programmierung (einschl.
  System-Programmierung)
- Operating (hierzu können alle
  Arten der Bedienung von ADV-System-
  elementen gerechnet werden, auch
  die Bedienung dezentraler Terminals)
- ADV-Hilfsfunktionen wie Datenerfassung, Archivierung, Datenträger-
  transport etc.
- Wartung und Instandhaltung von ADV-
  technischen und sonstigen Geräten
  und Vorrichtungen
- handwerkliche Tätigkeiten bei Installation, Umbau, Einbau von Geräten und Vorrichtungen

ADV-System

- zeitliche Beanspruchung der Zentral-
  einheit von Direktzugriffsspeichern etc.
- zeitliche Beanspruchung von dezentralen Prozessoren
- Belegung von Terminals
- Belegung von anderen peripheren
  Einheiten
- Belegung von Datenübermittlungslei-
  tungen, in den betriebsinternen und
  in den öffentlichen Netzen

Geräte und	- Schlüssel-/Schloß-Systeme
Vorrichtungen	- Alarm-Vorrichtungen
(Beispiele)	- Terminal-Sichtschutz
	- Geräte zur Datenträgervernichtung
	u.a.m.

Material	- ADV-Formulare und -Belege
(Beispiele)	- Ausweise (ID-Mittel)
	- Dokumentationsmaterial
	- Material für bautechnische Maß-
	nahmen, elektrische Installationen
	u.a.m

Um eine sinnvolle Zuweisung von Leistungsmengen zu den Faktoren vornehmen zu können sind oft direkte Schätzungen unbrauchbar. Daher ist es erforderlich vorher verschiedene Kosteneinflußgrößen zu untersuchen, auf deren Grundlage eine mengenmäßige Bewertung überhaupt erst möglich wird.
Dies sind:

- Kosteneinflußgrößen der organisatorischen Durchführung
- Kosteneinflußgrößen der sonstigen Durchführung (Beschaffung, Installation etc.)
- Kosteneinflußgrößen des laufenden Betriebs
- Kosteneinflüsse möglicher Nebenwirkungen des laufenden Systems.

Diese Kosteneinflußgrößen werden in den folgenden Abschnitten behandelt.

3.2. Kosteneinflußgrößen organisatorischer Durchführungsmaßnahmen

Als erste Gruppe der Kosteneinflußgrößen werden hier mehrere übergreifende organisatorische Größen vorgeschlagen wie "Spezialisierung" oder "Dokumentation". Damit wird ein Katalog unterschiedlichster organisatorischer Einzeltätigkeiten, - wie Ist-Aufnahme, Aufgabenanalyse oder die Erstellung von Organisations- und Ablaufplänen - vermieden.

Die allgemeinen organisatorischen Größen dienen hier als "Zwischenstation" der Kosten-Untersuchung von Datenschutz-/ Datensicherungsmaßnahmen. Nachdem ermittelt worden ist, in welchem Ausmaß diese organisatorischen Einfluß-Grössen bei der Maßnahmen-Durchführung bedeutsam werden, können dann vor dem Hintergrund der individuellen betrieblichen Situation die Kosten der organisatorischen Einzeltätigkeiten wenn auch nur ungefähr eingeschätzt werden. Darüber hinaus liegt mit den organisatorischen Größen eine Grob-Beschreibung des geplanten organisatorischen Teilsystems "Datenschutz/Datensicherung" vor.

So wird beispielsweise mit Hilfe dieser organisatorischen Größen für einzelne Datenschutz-/Datensicherungsmaßnahmen bestimmt, ob und in welchem Maße für den laufenden Betrieb neue Spezialtätigkeiten erforderlich sind oder wie festgelegt die Datenschutz-/Datensicherungsabläufe sein sollen. Damit wird auch eine vereinfachte organisatorische Beschreibung der angestrebten Maßnahmen möglich, sowie - neben den Kostengrößen - ein Vergleich der organisatorischen Eigenschaften alternativer Maßnahmen.

Im folgenden werden als organisatorische Kosten-Einfluß-
größen dargestellt:

3.2.1.   Spezialisierung (mit Sonderfällen)
3.2.2.   organisatorische Programmierung
3.2.3.   Dokumentation
3.2.4.   Entscheidungskompetenz

3.2.1. Spezialisierung

Datenschutz und Datensicherung beinhalten eine Reihe neuer
Aufgabenstellungen. Für jede in einer Organisation neue Auf-
gabenstellung sind aber auch entsprechende neue Spezialfunktionen vorzusehen: Dazu gehören z.B. sowohl die verschiedenen Tätigkeiten, die ein Datenschutzbeauftragter wahrnimmt,
als auch die zwischen einem Datenbanksystem und seinem Benutzer stattfindende Prüfung der Zugangsberechtigung.

Diese aus dem globalen Datenschutz- und Datensicherungszweck
hergeleiteten Funktionen müssen aufgegliedert und in organisatorisch sinnvolle Einzelfähigkeiten zerlegt werden, die
von den Elementen des organisatorischen Systems arbeitsteilig
übernommen werden können.

Spezialisierung bezeichnet eine derartige Zerlegung von grös-
seren Funktionskomplexen in Teilfunktionen und die Übertragung
dieser Teilfunktionen auf bestimmte organisatorische Einheiten
z.B. auf einen einzelnen Mitarbeiter, auf eine Stelle oder die
ADVA.

Eine Zerlegung von Funktionskomplexen ist möglich hinsichtlich der

- Funktions-Objekte
  (z.B. bestimmter Datenträger),
- Prozesse
  (z.B. der ADV-Archivierung oder der Arbeitsvorbereitung) und
- räumlichen Einheiten
  (z.B. bei der Zugangskontrolle hinsichtlich der
  Sachbearbeiter-Büros mit Bildschirmarbeitsplätzen).

Da die aus den Datenschutz- bzw. Datensicherungszielen abgeleiteten Aufgabenstellungen in den meisten Fällen verschieden-
artige Funktionsbereiche tangieren, ist oft eine Verteilung
einzelner Funktionen auf verschiedene Aufgabenträger notwendig. Als "Spezialfunktionen" im Datenschutz/Datensicherungs-
Bereich sind deshalb bereits relativ kleine Tätigkeitsberich-
te anzusehen, die schon bestehenden Aufgaben hinzugefügt
werden.

Dies kann am folgenden Beispiel erläutert werden: Der Einsatz eines Ausweissystems zur Zugangs- und Abgangskontrolle
fordert von dem Zugangsberechtigten, daß er sich bei jedem
Zugang einer Identifikationsroutine unterzieht; d.h., daß
den bestehenden Funktionen eine "Spezialfunktion" hinzugefügt wird, nämlich die, das ID-Mittel mit sich zu führen,
bereitzuhalten und sich in einem bestimmten Verfahren damit
dem Ausweissystem zu erkennen zu geben etc.

Würde die Zugangskontrolle anders gelöst, bspw. durch einen
Pförtner (vgl. weiter unten Rollenspezialisierung), so wäre
eine derartige zusätzliche "Aufgabe" nicht erforderlich, da
eine andere Person, der Pförtner, diese Aufgabe erfüllen
würde.

Als _Rollenspezialisierung_ bezeichnet man einen Sonderfall
der Spezialisierung. Hier wird ein Aufgabenkomplex in der
Weise neu gebildet, daß eine neue Berufsrolle entsteht, die
von einem oder mehreren Aufgabenträgern als ganze übernommen
wird.

Beispiel: Eine Reihe der verschiedenen Spezialfunktionen,
die zur Kontrolle des Zu- und Abgangs erforderlich werden,
wird in der neuen _Rolle eines Pförtners_ zusammengefaßt. Ein
Aufgabenträger übernimmt dann diesen Funktionskomplex - die
spezialisierte Rolle - vollständig.

Ein weiterer Unterfall der Spezialisierung ist die _Umstruktu-
rierung von Tätigkeitsbereichen_. Sie liegt vor, wenn Teile
bestehender Tätigkeiten umgruppiert bzw. gegeneinander aus-
getauscht werden. Beispiel: Um bei der Änderung sensibler
Datenbestände das Vier-Augen-Prinzip zu realisieren, übernimmt ein Sachbearbeiter im Personalbereich die Datei-Ände-
rungsaufgabe des anderen jeweils mit.

3.2.2 Organisatorische Programmierung

Organisatorische Programmierung bezeichnet die Anwendung prä-
ziser Verfahrensvorschriften für Arbeitsprozesse, die mit
Befolgungszwang verbunden sind. Derartige "routinisierte"
Verhaltensregeln beziehen sich darauf,

- wann gehandelt werden soll; z.B. Zeitpunkte oder Eintritt bestimmter Bedingungen;
- welche Handlung in einer bestimmten Situation ausge-
  führt werden soll (z.B. Regeln zur Handlungsauswahl);
- wie diese Tätigkeiten durchgeführt werden sollen
  (Methoden, Arbeitsmittel);

- welche Ergebnisse der Arbeitsprozeß erbringen soll
  (Zielvorgaben etc.);
- welche Aktionsträger dabei jeweils zusammenarbei-
  ten und wie sie in Verbindung treten sollen (Koope-
  rations- und Kommunikationsregeln).

3.2.3. Dokumentation

Unter Dokumentation wird die im weitesten Sinne schriftliche
"Bindung" von Aufgabenerfüllungsprozessen, die Speicherung
von Informationen und die Aufzeichnung vollzogener Aufgaben-
erfüllungsvorgänge verstanden.

Dokumentation im ADV-Bereich beinhaltet

- ADV-'technische' Dokumentationen
  (Programm-Dokumentation, Datei-Dokumentation, Ar-
  chiv-Verzeichnisse etc.) und
- ADV-Benutzer-Dokumentationen wie Bedienerhandbücher,
  Belegungspläne, Richtlinien für Aktionsträger der
  Fachabteilungen etc.

Für den Bereich des Datenschutzes und der Datensicherung betrifft die Dokumentation vor allem die schriftliche Bindung
von Arbeitsabläufen an Datenschutzrichtlinien, die Berechtigungen für bestimmte Arbeiten (z.B. Zugriffs-, Zugangsberechtigung), sowie Stellenbeschreibungen bzw. Organisations-
handbücher. Ferner zählen dazu die Protokollierung durchge-
führter Arbeitshandlungen (z.B. Zugangsprotokoll, Terminal-
Protokolle, Abzeichnung von Laufzetteln für Datenträger etc.),
sowie die Führung von Dateilisten oder die Dokumentation von
Programmen zur Speicherung und Verarbeitung sensibler Datenbestände.

3.2.4. Entscheidungskompetenz

Entscheidungskompetenz bezeichnet organisatorische Regeln, die
für verschiedene Tätigkeiten die Zuständigkeit der betroffenen
Aktionträger festlegen.

Die Regeln bestimmen,

- wie bestimmte Entscheidungen in der Hierarchie verteilt werden sollen,
- ob diese Entscheidungen auf verschiedene (mehrere)
  Personen verteilt werden und
- wie die Weisungsbefugnis verteilt wird.

Die Verwendung von Code-Wörtern zur Sicherung des Verarbeitungsablaufs kann als Beispiel für die Notwendigkeit einer
klaren Kompetenzregelung über die Vergabe, Rücknahme und
Änderung der Code-Wörter angeführt werden.

3.3. Kosteneinflußgrößen nicht-organisatorischer Durchfüh-
rungsmaßnahmen

Dieser Abschnitt enthält folgende Punkte:

3.3.1. Herstellen, Kauf und Miete
3.3.2. Technische Installation und Wartung
3.3.3. Verfahrensumstellung
3.3.4. Einstellung, Schulung und Einarbeitung von Mitarbeitern.

3.3.1. Herstellen, Kauf und Miete

Herstellen beinhaltet jegliche innerbetriebliche Erzeugung von Produkten oder Leistungen, die unmittelbar für die Realisation einer Datenschutz-/Datensicherungs-Maßnahme benötigt werden. Es geht hierbei um Güter oder Leistungen, die für eine Maßnahme grundlegend bzw. wesentlich sind. Als Beispiel kann der Umbau von Räumen durch die betriebsinterne Bauabteilung oder die Herstellung von Datensicherungs-Software durch betriebsinterne Programmierer herangezogen werden.

Kauf und Miete betreffen die Inanspruchnahme betriebsextern erstellter Produkte oder Leistungen, die mit entsprechenden Zahlungen verbunden sind. Auch hier geht es um Güter oder Leistungen, die für die Realisierung einer Maßnahme wesentlich sind.

3.3.2. Technische Installation und Wartung

Die technische Installation ist entweder ein Unterfall von "Herstellen" - falls Materialien und Arbeitsleistungen betriebsintern bereitgestellt werden - oder ein Unterfall von "Kauf/ Miete" - falls dies extern geschieht. Die technische Installation wird als eigene Einflußgröße behandelt, da Art und Leistung und betroffene Personen häufig andere sind als bei Herstellung bzw. Kauf oder Miete.

Im Einzelnen werden unterschieden:

- ADV-spezifische Installation
  (z.B. die technische Implementierung extern erstellter Datensicherungs-Software auf einem Computersystem) und

- Installation im allgemein technischen Sinne
  (z.B. das Anbringen eines Ausweislesers nebst Dreh-
  kreuz oder der Einbau alarmtechnischer Vorrichtungen).

Die <u>Wartung</u> bedarf ebenso wie "technische Installation" des
Einsatzes selbst- oder fremderzeugter Güter bzw. Leistungen.
Im Gegensatz zu "Herstellen" geht es hierbei aber um eine
Dauer-Funktion. Diese Dauer-Funktion umfaßt Tätigkeiten, die
auch organisatorisch eingebettet werden müssen; insofern muß
die Funktion "Wartung" auch in den oben genannten organisatorischen Maßnahmen berücksichtigt sein. Die Kosteneinflußgröße "Wartung" sollte getrennt untersucht werden, da sie
sich

- speziell auf die technischen Funktionselemente
  bezieht

- bei relativ vielen Maßnahmen erforderlich wird und
  - auch für sich genommen - relativ bedeutsam werden
  kann.

3.3.3. Verfahrensumstellung

Diese Kosteneinflußgröße bezieht sich auf die durch eine Maßnahme bedingte Umstellung bisheriger Verfahrensweisen. Mit
dieser Größe sollten vor allem die <u>umstellungsbedingten</u> Ne-
benmaßnahmen bzw. Nebenwirkungen einer Datenschutz-/Daten-
sicherungs-Maßnahme sichtbar gemacht werden, - vornehmlich
die kostenverursachenden Parallel-Läufe des bisherigen und
des neuen Verfahrens (Parallel-Umstellung), sowie die Rei-
bungsverluste und der Anpassungsaufwand, die bei fast jeder
Art von Umstellung zu erwarten sind.

3.3.4. Einstellung, Schulung und Einarbeitung von Mitarbeitern

Die Kosteneinflußgröße "Einstellung neuer Mitarbeiter" bezieht sich auf die für eine Maßnahme erforderliche Personalaufstockung, wie auf die Einarbeitung neuer Spezialisten (z.B. Datenschutzbeauftragter). Für eine einzelne Maßnahme dürfte die Einstellung neuer Mitarbeiter nur in seltenen Fällen anstehen.

Schulung und Einarbeitung beinhalten den Aufwand, den Vorbereitung und Einarbeitung von Aktionsträgern bei Durchführung von Datenschutz-/Datensicherungs-Maßnahmen verursachen. Dabei ist zu unterscheiden, ob die Schulung innerbetrieblich oder extern durchgeführt wird. Darüberhinaus ist der Zeitausfall zu berücksichtigen, der durch die entsprechenden Schulungen bei in der Regel zahlreichen betroffenen Mitarbeitern eintritt.

3.4. Kostenfaktoren des laufenden Betriebs

Hierunter fallen alle Kosteneinflußgrößen, die bei regelmäßigem Dauerbetrieb von Datenschutz- und -sicherungsmaßnahmen auftreten.

Die zentralen Kostenfaktoren des laufenden Betriebs sind Man-Power, System-Zeit, Geräte und Material. Diese Kostenfaktoren wurden im Abschnitt 3.1. bereits genauer aufgeschlüsselt.

Es sollte versucht werden, diese Faktoren für die vorgesehenen Maßnahmen getrennt zu bestimmen. Wenn es nur möglich ist, für ein ganzes Maßnahmenbündel - oder den Aufwand an Man-Power, System-Zeit, Geräten und Material vorauszubestimmen, sollte

dennoch der anteilige Aufwand einzelner Maßnahmen grob geschätzt und - für den Entscheidungsprozeß - getrennt veranschlagt werden.

Von Bedeutung ist weiterhin der Berechnungs- bzw. Planungs-
zeitraum, auf dessen Grundlage der Aufwand des laufenden Betriebs veranschlagt wird. Normalerweise wird man die in der
Unternehmung üblichen Verrechnungszeiträume zugrunde legen,
da hierfür die besten Schätzgrundlagen verfügbar sind.

Andererseits ist in bestimmten Fällen zu erwägen, ob für Da-
tenschutz- und -sicherungsmaßnahmen, bei denen technische Geräte einen großen Kostenanteil haben, wie z.B. bei ID-Syste-
men zur Hand- oder Stimmen-Erkennung, der voraussichtliche
Nutzungs- bzw. Abschreibungszeitraum zugrunde gelegt wird.
In diesem Fall ist jedoch darauf zu achten, daß der angenom-
mene Nutzungszeitraum mit der Zeitbasis alternativer Maßnahmen übereinstimmt bzw. vergleichbar gemacht wird.

Darüberhinaus sind für bestimmte Maßnahmen, die prinzipiell
unbegrenzt laufende Kosten verursachen, Maßstäbe zu bestimmen, die eine Vergleichbarkeit zu befristeten Kosten ermöglichen. Dies könnte etwa die Kapitalisierung von Zahlungströ-
men sein.

Derartige Überlegungen betreffen grundsätzlich nur Maßnahmen,
die gegeneinander abgewogen werden können, wie etwa der
"Pförtner" oder ein technisches Zugangskontrollsystem. Jedoch
ist es auch sinnvoll, für erzwungene Maßnahmen (z.B. Aus-
kunftsverfahren) eine Kostenschätzung durchzuführen, da sehr
oft Alternativen in den vorgelagerten Phasen vorhanden sind
(z.B. Organisation oder Menge der Daten, über die Auskunft
erteilt werden muß).

3.5. Nebenwirkungen des laufenden Betriebs

Als Nebenwirkungen zählen vor allem Auswirkungen, die der
laufende Betrieb bei den Personen hat, die an einer Maßnahme
im Rahmen des Datenschutzes und der Datensicherung mitwirken.
Eine in diesem Zusammenhang noch zu wenig beachtete Größe ist
das "Datenschutz-Bewußtsein", das für die Effektivität laufender Systeme von entscheidender Bedeutung sein kann. So
können Maßnahmen, die einerseits zwar den Handlungsspielraum
der Mitarbeiter eingrenzen, andererseits aber auch gewisse
Privilegien schaffen (z.B. die exklusive Zutrittsbefugnis),
Datenschutz und Datensicherung langfristig effektiver machen
als Maßnahmen, die von den betroffenen Mitarbeitern als eindeutig restriktiv wahrgenommen werden. Auch ein Übermaß an
gegenseitiger Kontrolle und Überwachung kann auf längere
Sicht die Wirksamkeit der Maßnahmen beeinträchtigen.

Hierin wird deutlich, daß neben dem "Datenschutz-Bewußtsein"
auch andere Faktoren zu berücksichtigen sind, wie "Handlungsspielraum", das Ausmaß an "Kontrolle" oder die "Arbeitszufriedenheit".

Die Bedeutung derartiger Nebenwirkungen für die Effektivität
von Datenschutz-/Datensicherungsmaßnahmen ist dabei allerdings
nicht leicht abzuschätzen. Sie hängt in ganz besonderem Maße
von den spezifischen betrieblichen Bedingungen ab; von der Organisation und Größe des DV-Systems, von dem bereits bestehenden Arbeitsklima oder von der personellen Ausstattung in den
Bereichen, wo diese Maßnahmen durchgeführt werden. Sie sollten jedoch soweit berücksichtigt werden, daß sie zumindest
als Zusatzkriterien in die Untersuchung der Wirtschaftlichkeit einbezogen werden können.

In den Einflußgrößen Arbeitsmotivation und Arbeitzufrieden-
heit kommen emotionale Aspekte der Tätigkeit zum Ausdruck. Im
Mittelpunkt stehen dabei die einzelnen Mitarbeiter in den von
Datenverarbeitung bzw. dem Datenschutz und der Datensicherung
betroffenen Bereichen. Unter der Einflußgröße "Arbeitsmotivation" ist das Setzen eines individuellen Leistungsstandards
bei der Arbeitstätigkeit und das Streben nach dessen Erfüllung
zu verstehen; unter Arbeitszufriedenheit die emotionale Befriedigung mit dem Inhalt der eigenen Arbeitstätigkeit und
den Bedingungen, unter denen sie stattfindet (soziales Klima,
Leistungen des Betriebes etc.).

Dies kann am folgenden Beispiel verdeutlicht werden: Die Arbeitsmotivation eines Sachbearbeiters mag herabgesetzt werden, wenn er für jegliche - auch geringfügige - Dateiänderung
sich einen Dateiänderungsantrag bei einer dazu autorisierten
Person abzeichnen lassen muß.

Eine weitere Einflußgröße ist in dem "Handlungsspielraum" zu
sehen. Der Handlungsspielraum bezieht sich auf die bedeutsame
Menge unterschiedlicher Handlungsmöglichkeiten in bestimmten
Arbeitssituationen.

Die Möglichkeiten des einzelnen Mitarbeiters, seine Arbeitsabläufe zu gestalten und in besonderen Situationen ad hoc zu beeinflussen, also selbstverantwortlich zu handeln werden mit
dieser Einflußgröße erfaßt. Die Einführung von Datenschutz-
und -sicherungsmaßnahmen, die ja fast immer einschränkende
Wirkung haben, können zu Effektivitätseinbußen führen, die
sich in dieser Einflußgröße als eine "Verminderung des Hand-
lungsspielraums" darstellen können: Ein hohes Maß an "organisatorischer Programmierung" engt die Handlungsmöglichkeiten in den organisatorisch erfaßten und vorgegebenen Arbeits-

folgen erheblich ein. Die Folge kann sein, daß sich der Betroffene in seiner Arbeit herabgesetzt fühlt und entsprechend
Interesse, Befriedigung und Ehrgeiz verliert.

Eine dem Handlungsspielraum ähnliche Einflußgröße ist in der
"wahrgenommenen Kontrolle" zu sehen. Sie betrifft die subjek-
tiv erlebte Kontrolle der Arbeitstätigkeit - entweder durch
andere Mitarbeiter (z.B. Vier-Augen-Prinzip) bzw. Vorgesetzte
oder durch automatische Aufzeichnungs- oder Protokoll-Systeme
(durch das Computersystem, Video-Überwachungssysteme o.ä.).
Widerstand und Frustration als Einflußgrößen bezeichnen emo-
tional begründete Beeinträchtigungen der Mitarbeiter, die
von der Art oder den Bedingungen ihrer Arbeitstätigkeit oder
den Handlungsregeln herrühren. Widerstand und Frustration
sind vor allem in der Umstellungszeit oder der Anfangsphase
neuer organisatorischer Regelungen bedeutsam. Widerstand und
Frustration können bis zur stillschweigenden Arbeitsverwei-
gerung führen, wenigstens zu einer eingeschränkten Arbeitsleistung bei gleichzeitig starker emotionaler Belastung.

Die zuerst angesprochene, aber äußerst wichtige Einflußgröße
"Datenschutzbewußtsein" bezeichnet individuelle Wertvorstellungen zum Datenschutz und die dadurch selbstgesetzte Verantwortlichkeit, sich an diese Wertvorstellungen bei der Arbeitstätigkeit zu halten - und zwar ohne daß sie durch organisatorische Regelungen für alle Situationen ausdrücklich
vorgegeben sein müssen. Neben diesen Wertvorstellungen umfaßt das "Datenschutzbewußtsein" auch entsprechendes praktisches Wissen und Urteilsvermögen, die die Beschäftigten in
den Stand versetzen, diese Wertvorstellung angemessen zu ver-
wirklichen. Das individuelle Datenschutzbewußtsein der Mitarbeiter dürfte von einer Vielzahl von Maßnahmen beeinflußt

werden und beinflußt seinerseits wesentlich die Wirksamkeit
des Sicherungssystems. Es ist vor allem in den Arbeitsbereichen bedeutsam, die nicht vollständig durch ausdrückliche
Regelungen abgedeckt sind.

4. Übersicht über die Kosten-Struktur der einzelnen Maßnahmen

Die entwickelten Kosteneinflußgrößen werden zusammenfassend
auf die im zweiten Abschnitt dargelegten Maßnahmengruppen angewandt und tabellarisch dargestellt. Damit wird die Verbindung von den Gefährungsbereichen und der Schwachstellenanalyse (Teil I) zu den Maßnahmen (Tabellen S. 88 ff) und von
den Maßnahmen (Teil II) zu den Kosten (folgende Tabellen)
geschaffen. Dem Praktiker werden Anhaltspunkte zum Vergleich
der Kostenstruktur verschiedener Maßnahmen geliefert werden,
um eine erste Einschätzung des Kostenumfanges zu ermöglichen.
Dabei werden Hinweise zur Wahrscheinlichkeit bestimmter Ko-
stenwirkungen, zu ihrer Bedeutung, ihrem Beginn und ihrer
Dauer gegeben, um verschiedene Aspekte der Kostenstruktur
gleichzeitig berücksichtigen zu können. Es bleibt dem Praktiker überlassen, die vorgeschlagenen Kriterien zu erweitern,
und auch die einzelnen Einschätzungen der Kostenstruktur
seiner individuellen Gestaltungsproblematik anzupassen. Dem
Tabellenteil, der in Übereinstimmung mit dem Maßnahmen-Katalog gegliedert ist, sind entsprechende Benutzungshinweise
vorangestellt. Die im Tabellenteil enthaltene Kosten-Charak-
teristik der verschiedenen Maßnahmen entstammt einem Beurtei-
lungsverfahren[1], bei dem eine Reihe von Fachleuten, die mit
der Problematik der Durchführung von Datenschutz- und Datensicherungsmaßnahmen vertraut sind, ihre Einschätzungen abge-
geben haben. Die Beurteilungen sind zu jeweils einem Wert
zusammengefaßt.

---

1) Die verschiedenen Beurteiler haben ihre Einschätzungen voneinander unabhängig vorgenommen. Die im Tabellenteil enthaltenen Schätz-Werte sind auf dieser Basis ermittelt worden. Sie sind als ein "mittlerer Urteilswert" dieser unab-
   hängigen Gutachter aufzufassen.

4.1. Benutzungshinweise

Das Ergebnis der Einschätzung ist in den einzelnen Tabellen-
feldern enthalten. Die Tabellenfelder enthalten bis zu fünf
Einzel-Werte. Ist ein Tabellenfeld leer, dann ist die Kosteneinflußgröße für die entsprechende Maßnahme irrelevant oder
kann ohne genauere Spezifikation der Bedingungen, unter denen
sie eingesetzt wird, nicht beurteilt werden.

Die bis zu fünf Werte in jedem Tabellenfeld sind in einer
festen Reihenfolge angeordnet. Die einzelnen Werte oder
Stellen bezeichnen jeweils einen bestimmten Aspekt der Kostenstruktur, der weiter unten erläutert wird. Die Werte
variieren von "1" bis "3"; ist die entsprechende Stelle in
der Wertreihe leer, kann zu diesem Kostenaspekt keine Aussage gemacht werden, oder der Kostenaspekt ist irrelevant.

Die 5 Aspekte der Kostenstruktur sind in folgender Reihenfolge angeordnet:

(1) Die erste (oberste) Stelle gibt die <u>Wahrscheinlichkeit</u>
    an, mit der eine bestimmte Kosteneinflußgröße bei der
    Maßnahmen-Durchführung auftritt.

(2) Die zweite Stelle gibt die <u>Bedeutung</u> oder <u>Wichtigkeit</u> ei-
    ner Einflußgröße an - im Hinblick auf ihre Kostenwirk-
    samkeit bzw. ihren Anteil am "Gesamt-Aufwand" der Maß-
    nahmendurchführung.

(3) Die dritte Stelle gibt Aufschluß über die Zeit-<u>Dauer</u>, für
    die eine Kosteneinflußgröße wirksam ist; bzw. über welche
    Zeitspanne Aktivitäten erforderlich sind, die entsprechen-
    den Aufwand verursachen.

(4) Der Zahlenwert der vierten Stelle bezeichnet den Beginn
    einer Kostenwirkung, bzw. den Zeitpunkt, von dem an eine
    bestimmte Kosteneinflußgröße wirksam wird.

(5) Die fünfte (unterste) Stelle schließlich, gibt für die
    Kostenwirkungen, bei denen es nicht eindeutig ist, die
    Wirkungsrichtung, an: sie bezeichnet, ob es sich um eine
    Steigerung/Erhöhung oder Verringerung handelt.

Bis auf diese fünfte Stelle enthalten alle anderen Stellen Werte von 1 bis 3; eine feinere Abstufung hat sich als unzweck-
mäßig erwiesen. Was diese Zahlenwerte an den einzelnen Stellen
genau zu bedeuten haben, zeigt folgende Tabelle:

Stelle/Wert   hier bedeutet

1. Stelle   (1): Diese Kosteneinflußgröße ist
"Wahrscheinlichkeit"   möglich, sie tritt "unter
                                    Umständen auf".
                               (2): Das Auftreten dieser Kosten-
                                    einflußgröße ist wahrschein-
                                    lich.
                               (3): Diese Einflußgröße tritt höchst
                                    wahrscheinlich auf, bzw. ergibt
                                    sich zwingend.

2. Stelle   (1): Diese Kosteneinflußgröße
"Wichtigkeit"   hat eine gewisse Bedeutung;
                                    sie sollte bei Wirtschaftlich-
                                    keitsanalysen nicht vernach-
                                    lässigt werden.

	(2): Die Einflußgröße ist <u>relativ</u> <u>wichtig</u>.
	(3): Dieser Kostenfaktor ist <u>äußerst wichtig</u>, d.h. er muß unter allen Umständen bei einer Wirtschaftlichkeitsanalyse berücksichtigt werden.
3. Stelle "<u>Zeitdauer</u>"	(1): Die Kosteneinflußgröße ist <u>kurzfristig</u> relevant (z.B. nur während der Implementierung einer Maßnahme).
	(2): Dieser Kostenfaktor ist <u>mittelfristig</u> wirksam (etwa für mehrere Monate).
	(3): Die Einflußgröße ist <u>langfristig</u> bedeutsam; sie überschreitet wenigstens ein Jahr Rechnungszeitraum.
4. Stelle "<u>Zeitpunkt</u>"	(1): Diese Kosteneinflußgröße wird <u>unmittelbar</u> mit dem organisatorischen und technischen Vorbereitungen der Maßnahme relevant.
	(2): Dieser Kosteneinfluß tritt nach einer "<u>gewissen</u>" Zeit auf.
	(3): Dieser Kostenfaktor wird erst nach relativ <u>langer Zeit</u> bedeutsam.
5. Stelle "<u>Wirkungsrichtung</u>"	(+): Hier ist eine Steigerung/Erhöhung des Kosteneinflusses zu erwarten.

(-): Der Kostenfaktor wird ver-
ringert/gesenkt.

Ist bei Zellen der Kosten-Struktur oder auch bei einzelnen Zahlenwerten eine hochgestellte Zahl mit Klammer angegeben, so verweist sie auf eine Anmerkung. Diese Anmerkungen sind fortlaufend numeriert und im Anmerkungsteil, der sich dem Tabellenteil anschließt, zusammengefaßt.

4.2. Kosten-Tabellen
(S. 234 - 248)

Legende (Spaltenbelegung je Maßnahme): Wahrscheinlichkeit · Relevanz · Dauer · Einsetzen der Wirkung · Wirkungsrichtung

Maßnahme	1.1.1. Bestellung eines betrieblichen Datenschutzbeauftragten					1.1.2. Einrichtung eines Datenschutzausschusses					1.2.1. Festlegung von Sicherheitsstufen für Daten					1.2.2. Klassifizierung des Personals					Bereich
	W	R	D	E	Ri	W	R	D	E	Ri	W	R	D	E	Ri	W	R	D	E	Ri	
Spezialisierung	3	2	3	2		3	2	3	1		3	1	1	1		3	1	3	1		Organisatorische Durchführung
Rollenspezialisierung	3	3	3	1		1	2	3	1							1	2	3	1		Organisatorische Durchführung
Umstrukturierung von Funktionskomplexen	3	2	2	1		1	1	2	1							2	1	2	1		Organisatorische Durchführung
organisatorische Programmierung	3	2	3	1		2	2	3	1		2	2	3	1		3	2	3	1		Organisatorische Durchführung
Dokumentation	3	2	3	1		3	2	3	1		3	2	3	1		3	2	3	1		Organisatorische Durchführung
Entscheidungskompetenz	2	2	3	1		3	1	3	1		3	2	3	1		3	1	3	1		Organisatorische Durchführung
Herstellen																					Nicht-organisatorische Durchführung
Kauf/Miete																					Nicht-organisatorische Durchführung
technische Installation																					Nicht-organisatorische Durchführung
Wartung/Instandhaltung																					Nicht-organisatorische Durchführung
Verfahrensumstellung	2	1	1	2		1	1	1	1		2	2	1	1		3	2	2	1		Nicht-organisatorische Durchführung
Einstellung neuer Mitarbeiter	*1	1	3	1		*1	1	2	1												Nicht-organisatorische Durchführung
Schulung, Einarbeitung	3	2	3	1		2	1	3	1												Nicht-organisatorische Durchführung
Man-Power	3	2	3	1		3	2	3	1		2	1	3	1		1	1	3	1		Laufender Betrieb
ADV-Kapazität											2	1	1	1							Laufender Betrieb
Geräte	1	2	3	1		1	2	3	1												Laufender Betrieb
Material																					Laufender Betrieb
Arbeits-Motivation/-Zufriedenheit						1	1	3	2	**+						1	2	2	1	-	Nebenwirkungen des lauf. Betriebes
Handlungsspielraum						1	1	3	1	+	3		3	1	-	2	2	3	1	-	Nebenwirkungen des lauf. Betriebes
wahrgenommene Kontrolle	2	1	2	1	+	1	1	2	1	+	3		2	1	+	2	2	2	1	+	Nebenwirkungen des lauf. Betriebes
Widerstand/Frustration	1	1	2	1	+	2	2	3	1	-	*2	2	2	1	+	*2	2	2	1	+	Nebenwirkungen des lauf. Betriebes
Datenschutz-Bewußtsein	3	2	3	2	+	3	2	3	1	+	2	1	3	2	+	2	2	3	1	+	Nebenwirkungen des lauf. Betriebes

* bzw ** siehe 4.3. Anmerkungen zu den Tabellen

- 235 -

Legende (Spaltenwerte je Feld): Wahrscheinlichkeit | Relevanz | Dauer | Einsetzen der Wirkung | Wirkungsrichtung

	1.3.1. Organisation der Datenerfassung und -eingabe	1.3.2. Beleg-Gestaltung	1.3.3. Beleg-Verwendung	1.3.4. Belegfluß	
Spezialisierung	3 2 3 1				Organisatorische Durchführung
Rollenspezialisierung	1 2 3 1				
Umstrukturierung von Funktionskomplexen	3 1 1 1				
organisatorische Programmierung	3 3 3 1	2 1 3 1	3 1 1 1	2 2 3 1	
Dokumentation	3 2 3 1	1 1 3 1	2 1 3 1	3 2 3 1	
Entscheidungskompetenz	1 1 2 1		2 2 3 1		
Herstellen		3 2 3 1			Nicht-organisatorische Durchführung
Kauf/Miete					
technische Installation					
Wartung/Instandhaltung					
Verfahrensumstellung	2 2 2 1	*1 2 1 1	1 2 3 1	2 2 3 1	
Einstellung neuer Mitarbeiter	1 2 3 1				
Schulung, Einarbeitung	2 2 3 1				
Man-Power				2 2 3 1	Laufender Betrieb
ADV-Kapazität	1 1 3 1			1 1 3 1	
Geräte	1 1 3 1	2 1 3 1			
Material	2 1 3 1				
Arbeits-Motivation/-Zufriedenheit				1 1 2 1 −	Nebenwirkungen des lauf. Betriebes
Handlungsspielraum	*2 1 2 1 −		2 1 3 1 −	1 1 3 1 −	
wahrgenommene Kontrolle	1 _ 2 2 +			2 2 2 2 +	
Widerstand/Frustration	1 1 2 2 +			1 1 2 2 +	
Datenschutz-Bewußtsein	1 1 3 2 +		1 1 3 2 +	2 2 3 2 +	

Legende der Wertspalten je Maßnahme (von links nach rechts): Wahrscheinlichkeit, Relevanz, Dauer, Einsetzen der Wirkung, Wirkungsrichtung.

	1.4.1. Bauliche Maßnahmen	1.4.2. Sicherung der Datenübermittlung	1.4.3.(a) Auftragsverhältnis: Entscheidung, Segmentierung	1.4.3.(b) Auftragsverhältnis: Kontrolle	
Spezialisierung	2 2 3 1				Organisatorische Durchführung
Rollenspezialisierung				1 3 3 1	
Umstrukturierung von Funktionskomplexen					
organisatorische Programmierung	2 1 3 1	3 3 3 1	3 3 3 1	3 3 3 1	
Dokumentation		3 3 3 1	3 2 2 1	3 2 3 1	
Entscheidungskompetenz	2 2 3 1	3 2 3 1	3 2 3 1	3 2 3 1	
Herstellen	3 3 2 1				Nicht-organisatorische Durchführung
Kauf/Miete	3 2 1 1				
technische Installation	3 3 1 1				
Wartung/Instandhaltung	3 2 3 3				
Verfahrensumstellung	2 2 3 1				
Einstellung neuer Mitarbeiter	2 2 2 1				
Schulung, Einarbeitung					
Man-Power	1 2 2 1	1 1 3 1		2 2 1 1	Laufender Betrieb
ADV-Kapazität		1 1 3 1			
Geräte		2 1 3 1			
Material					
Arbeits-Motivation/-Zufriedenheit		1 1 2 1 −			Nebenwirkungen des lauf. Betriebes
Handlungsspielraum		2 1 3 1 −			
wahrgenommene Kontrolle		1 1 2 1 +			
Widerstand/Frustration		1 1 2 1 +			
Datenschutz-Bewußtsein	1 1 2 1 +	3 1 3 2 +			

Legende der Spaltenwerte je Maßnahme (in der Reihenfolge): Wahrscheinlichkeit | Relevanz | Dauer | Einsetzen der Wirkung | (Wirkungsrichtung). Die Zusatzspalte mit + / − (Wirkungsrichtung) erscheint nur im Bereich "Nebenwirkungen des lauf. Betriebes".

	2.1.1 Funktionstrennung	2.1.2 Vier-Augen-Prinzip	2.1.4 "Need-to-know" Prinzip	2.2 Trennwände/ Hinweisschilder	
Spezialisierung	3 2 3 1		2 1 3 1	1 1 1 1	Organisatorische Durchführung
Rollenspezialisierung	2 1 3 1	1 1 3 1			Organisatorische Durchführung
Umstrukturierung von Funktionskomplexen	3 3 3 1	2 1 2 1	2 2 2 1		Organisatorische Durchführung
organisatorische Programmierung	2 3 2 1	1 1 2 1	2 1 3 1		Organisatorische Durchführung
Dokumentation	2 2 3 1		* 2 2 3 1		Organisatorische Durchführung
Entscheidungskompetenz	3 2 1 1		2 1 1 1		Organisatorische Durchführung
Herstellen				2 2 1 1	Nicht-organisatorische Durchführung
Kauf/Miete				3 1 1 1	Nicht-organisatorische Durchführung
technische Installation				2 1 1 1	Nicht-organisatorische Durchführung
Wartung/Instandhaltung				1 1 1 1	Nicht-organisatorische Durchführung
Verfahrensumstellung	1 2 1 1	1 1 3 1	3 1 3 1	1 1 1 1	Nicht-organisatorische Durchführung
Einstellung neuer Mitarbeiter					Nicht-organisatorische Durchführung
Schulung, Einarbeitung		1 1 1 1	1 1 1 1		Nicht-organisatorische Durchführung
Man-Power	1 1 3 1	2 2 3 1			Laufender Betrieb
ADV-Kapazität					Laufender Betrieb
Geräte					Laufender Betrieb
Material					Laufender Betrieb
Arbeits-Motivation/ -Zufriedenheit	* 1 1 1 1 −	2 1 2 1 −	1 1 2 1 −		Nebenwirkungen des lauf. Betriebes
Handlungsspielraum	2 2 3 1 −	2 2 3 1 −	** 2 2 3 1 −		Nebenwirkungen des lauf. Betriebes
wahrgenommene Kontrolle	* 1 1 2 1 +	3 2 3 1 +	2 1 2 2 +	1 1 2 2 +	Nebenwirkungen des lauf. Betriebes
Widerstand/Frustration	1 2 2 1 +	1 1 2 1 *+	1 2 1 1 +		Nebenwirkungen des lauf. Betriebes
Datenschutz-Bewußtsein		2 1 2 2 +		1 1 2 2 +	Nebenwirkungen des lauf. Betriebes

Spaltenlegende (Pfeile über dem Beispielkästchen): Wahrscheinlichkeit — Relevanz — Dauer — Einsetzen der Wirkung — Wirkungsrichtung

Legende (Kopf der Wertungsfelder, jeweils fünf Spalten je Wertungsblock):
Wahrscheinlichkeit | Relevanz | Dauer | Einsetzen der Wirkung | Wirkungsrichtung

	2.3.(a) Ausdruck -Verschlüsselung/ -Vermeidung	2.3.(b) Terminierung der Datenausgabe	2.3.(c) Empfänger-Übersicht	2.4.1. Blind-Eingabe	
Spezialisierung			1|1|3|1		Organisatorische Durchführung
Rollenspezialisierung					
Umstrukturierung von Funktionskomplexen		1|1|1|1			
organisatorische Programmierung	3|2|2|1	3|2|2|1	2|2|3|1	2|1|1|1	
Dokumentation	3|2|3|1	3|2|3|1	3|2|3|1		
Entscheidungskompetenz		1|1|1|1	2|1|1|1		
Herstellen	2|1|1|1		1|1|1|1	*2|1|1|1	Nicht-organisatorische Durchführung
Kauf/Miete	2|1|1|1			*2|1|1|1	
technische Installation	3|2|1|1	3|2|1|1			
Wartung/Instandhaltung	2|1|2|2			1|1|3|2	
Verfahrensumstellung	1|2|1|1	1|1|1|1			
Einstellung neuer Mitarbeiter					
Schulung, Einarbeitung					
Man-Power	1|1|3|1		1|1|3|1		Laufender Betrieb
ADV-Kapazität	1|1|3|1		1|1|3|1		
Geräte					
Material					
Arbeits-Motivation/-Zufriedenheit	1|1|2|1 −	1|1|2|1 −			Nebenwirkungen des lauf. Betriebes
Handlungsspielraum	2|1|3|1 −	2|1|3|1 −	1| |3|1 −		
wahrgenommene Kontrolle	2|1|3|1 +		2|1|2|1 +	2|1|1|1 +	
Widerstand/Frustration	1|1|2|1 −				
Datenschutz-Bewußtsein	*1|1|2|2 +	1|1|3|2 +	1|1|3|1 +	1|1|2|1 +	

Spaltenköpfe der Legende (Bewertungsbox, von links nach rechts): Wahrscheinlichkeit / Relevanz / Dauer / Einsetzen der Wirkung / Wirkungsrichtung

	2.4.2 Eingabe mit Timed log-out					3.2.1. Planung des Verarbeitungsablaufs in der DV-Abteilung					3.2.3. Maschinenbelegungsplan					3.3.1. Programmtest					
	W	R	D	E	Ri	W	R	D	E	Ri	W	R	D	E	Ri	W	R	D	E	Ri	
Spezialisierung											1	1	3	1		2	2	3	1		Organisatorische Durchführung
Rollenspezialisierung																2	2	1	1		
Umstrukurierung von Funktionskomplexen						2	3	3	1							1	2	3	1		
organisatorische Programmierung	2	2	2	1		3	3	3	1		3	2	3	1		3	2	3	1		
Dokumentation						3	1	2	1		3	2	3	1		3	3	3	1		
Entscheidungskompetenz	1	1	1	1		2	3	3	1		2	1	1	1		2	2	3	1		
Herstellen	*2	1	1	1		1	1	1	1		2	1	1	1		2	2	1	1		Nicht-organisatorische Durchführung
Kauf/Miete	*2	1	1	1												1	2	*1	1		
technische Installation	3	2	1	1												1	1	*1	1		
Wartung/Instandhaltung	1	1	3	2																	
Verfahrensumstellung	2	1	1	1		3	2	3	1							2	2	3	1		
Einstellung neuer Mitarbeiter																**1	3	3	1		
Schulung, Einarbeitung																1	1	1	1		
Man-Power						1	1				*2	2	3	1		3	2	3	1		Laufender Betrieb
ADV-Kapazität											*2	2	3	1		3	2	3	1		
Geräte																					
Material																1	1	3	1		
Arbeits-Motivation/-Zufriedenheit																					Nebenwirkungen des lauf. Betriebes
Handlungsspielraum	1	1	1	1	-	1	1	3	1	-	1	1	3	2	-						
wahrgenommene Kontrolle	2	1	1	1	+						2	1	1	1	+						
Widerstand/Frustration	**1	1	2	1	-																
Datenschutz-Bewußtsein	1	1	2	1	+											1	1	3	3	+	

The legend at the top right indicates five sub-columns for each measure: Wahrscheinlichkeit, Relevanz, Dauer, Einsetzen der Wirkung, Wirkungsrichtung.

	3.3.2. Programm-Dokumentation					3.4.1. Zugangseinrichtungen (-"sperren"): Schleusen, Drehtür etc.					3.4.2. Alarm-Systeme ("Alarm-Meldung")					3.4.3.(a) Zugangs-/Abgangsüberwachung personell					
	W	R	D	E	WR	W	R	D	E	WR	W	R	D	E	WR	W	R	D	E	WR
Organisatorische Durchführung																				
Spezialisierung	2	3	3	1												1	2	3	1	
Rollenspezialisierung	1	1	1	1												3	3	3	1	
Umstrukturierung von Funktionskomplexen	2	1	3	1		1	1	1	1											
organisatorische Programmierung	3	2	3	1		2	1	3	1		3	1	3	1		2	2	3	1	
Dokumentation	3	3	1	1												1	1	3	1	
Entscheidungskompetenz	1	1	3	1		2	1	2	1		2	2	2	1		2	2	3	1	
Nicht-organisatorische Durchführung																				
Herstellen	2	2	2	1		1	2	1	1		1	2	1	1		2	2	3	1	
Kauf/Miete	1	1	*1	1		3	2	2	1		3	3	1	1		2	2	3	1	
technische Installation	1	1	*1	1		3	2	1	1		3	2	1	1		1	1	1	1	
Wartung/Instandhaltung						3	2	3	3		3	1	3	3		2	1	3	3	
Verfahrensumstellung						1	1	2	1		1		1	1		2	2	2	1	
Einstellung neuer Mitarbeiter	**1	2	3	1												1	2	3	1	
Schulung, Einarbeitung	1	1	1	1							1	1	1	1		2	2	2	1	
Laufender Betrieb																				
Man-Power	3	2	3	1		2	1	3	1							3	2	3	1	
ADV-Kapazität	2	2	3	1																
Geräte						2	1	3	1		1	3	3	1						
Material	2	1	3	1							1	2	3	1						
Nebenwirkungen des lauf. Betriebes																				
Arbeits-Motivation/-Zufriedenheit						*1		1	1	-						1	1	1	1	-
Handlungsspielraum						1	1	2	1	-						2	2	3	1	-
wahrgenommene Kontrolle	1	1	2	1	+	*3	1	2	1	+						3	2	3	1	+
Widerstand/Frustration						3	1	2		+						1	1	1	2	+
Datenschutz-Bewußtsein	1	1	3	3	+	2		2	1	+						2	1	3	3	+

Legende (Erläuterung der Eintragungen je Feld):
Wahrscheinlichkeit · Relevanz · Dauer · Einsetzen der Wirkung · Wirkungsrichtung

3.4.3.(b) Zugangs-/Abgangsüberwachung technisch	3.5. Kontrolle vertraulichen Ausdrucks	4.1.1. Personalbeurteilung und -überprüfung: Einstellung	4.1.2. Personalbeurteilung und -überprüfung: Probezeiten		
2| 2| 3| 1	3| 1| 3| 1	3| 2| 3| 1		Spezialisierung	Organisatorische Durchführung
		1| 2| 3| 1		Rollenspezialisierung	
2| 2| 3| 1		1| 1| 3| 1		Umstrukturierung von Funktionskomplexen	
3| 2| 2| 1	2| 1| 1| 1	2| 1| 3| 1	2| 2| 3| 1	organisatorische Programmierung	
2| 2| 3| 1	2| 2| 3| 1	2| 1| 3| 1	3| 2| 3| 1	Dokumentation	
2| 2| 2| 1	2| 1| 3| 1	3| 1| 3| 1	3| 1| 3| 1	Entscheidungskompetenz	
2| 3| 1| 1				Herstellen	Nicht-organisatorische Durchführung
3| 3| 1| 1				Kauf/Miete	
3| 3| 3| 1				technische Installation	
3| 2| 3| 3				Wartung/Instandhaltung	
1| 2| 2| 1	2| 2| 3| 1	1| 1| 2| 1	1| 2| 2| 1	Verfahrensumstellung	
		1| 2| 3| 1		Einstellung neuer Mitarbeiter	
		1| 1| 1| 1		Schulung, Einarbeitung	
	2| 2| 3| 1	3| 2| 3| 1	3| 2| 3| 1	Man-Power	Laufender Betrieb
3| 2| 3| 1		1| 1| 3| 1		ADV-Kapazität	
3| 3| 3| 1				Geräte	
2| 1| 3| 1		1| 1| 3| 1		Material	
1| 1| 2| 1 −		1| 1| 2| 1 −		Arbeits-Motivation/-Zufriedenheit	Nebenwirkungen des lauf. Betriebes
2| 2| 3| 1 −				Handlungsspielraum	
3| 2| 3| 1 +	3| 2| 3| 1 +	2| 1| 3| 1 +	3| 2| 3| 1 +	wahrgenommene Kontrolle	
1| 1| 2| 1 +		1| 1| 2| 1 +	1| 1| 2| 1 +	Widerstand/Frustration	
2| 2| 3| 3 +	2| 2| 3| 2 +	1| 1| 2| 2 +		Datenschutz-Bewußtsein	

Legende (Kopf): Wahrscheinlichkeit | Relevanz | Dauer | Einsetzen der Wirkung | Wirkungsrichtung

Die vier Zahlen in jeder Spalte bezeichnen: Wahrscheinlichkeit | Relevanz | Dauer | Einsetzen der Wirkung; das Zeichen (+/−) die Wirkungsrichtung.

	4.1.3. Personalbeurteilung und -überprüfung: Kündigung		4.2.1. Identifizierung: Erinnerungswerte		4.2.2. Identifizierung: indirekt, durch ID-Mittel		4.2.3. Identifizierung: direkt, druch "natürliche Merkmale"		
Spezialisierung			3 1 3 1		3 1 3 1		3 2 3 1		Organisatorische Durchführung
Rollenspezialisierung							3 3 3 1		
Umstrukturierung von Funktionskomplexen									
organisatorische Programmierung	3 2 3 2		3 2 2 1		3 2 3 2		3 2 3 1		
Dokumentation	2 2 3 2		2 1 3 1		2 2 3 1		2 2 3 1		
Entscheidungskompetenz	3 2 3 1		3 2 3 2		3 2 3 1		3 2 3 1		
Herstellen			2 3 1 1		3 3 1 1				Nicht-organisatorische Durchführung
Kauf/Miete			2 3 1 1		3 3 1 1		3 3 1 1		
technische Installation			3 2 1 1		3 2 3 1		3 2 2 1		
Wartung/Instandhaltung			3 1 3 1		3 1 3 1		2 1 3 1		
Verfahrensumstellung	1 2 2 1		3 2 2 1		2 2 2 1		2 2 3 1		
Einstellung neuer Mitarbeiter									
Schulung, Einarbeitung			1 1 2 1		1 1 2 1				
Man-Power	1 2 3 2		1 1 3 1		2 1 3 1		2 1 3 1		Laufender Betrieb
ADV-Kapazität			3 1 3 1		3 2 2 1				
Geräte					2 1 3 1		3 2 3 1		
Material					3 1 3 1				
Arbeits-Motivation/-Zufriedenheit	3 3 3 1	−	1 1 2 2	−	2 1 3 2	−	2 1 3 2	−	Nebenwirkungen des lauf. Betriebes
Handlungsspielraum			1 1 2 1	−	2 1 2 1	−			
wahrgenommene Kontrolle	2 2 3 1	+	1 1 3 1	+	2 2 3 1	+	3 2 3 1	+	
Widerstand/Frustration	2 2 3 1	+	1 1 2 2	+	1 1 3 2	+	1 1 2 2	+	
Datenschutz-Bewußtsein	2 1 2 1	+	3 1 3 1	+	3 1 3 1	+	3 1 3 1	+	

Legende der Bewertungsfelder (je Maßnahme): Wahrscheinlichkeit | Relevanz | Dauer | Einsetzen der Wirkung | Wirkungsrichtung

	4.3.1. ID-Mittel-Sicherung	4.3.3.(a) Erlöschen der Zugangsbefugnis	4.3.3.(b) Regelungen bei unbefugtem Zugangsversuch	4.4.1.(a) manuelle Protokollierung der Eingaben	
Spezialisierung	2|2|3|1	2|1|3|2	2|2|3|1	3|2|3|1	Organisatorische Durchführung
Rollenspezialisierung			1|2|3|1		Organisatorische Durchführung
Umstrukturierung von Funktionskomplexen		1|1|3|2		2|2|2|1	Organisatorische Durchführung
organisatorische Programmierung	2|2|3|1	3|2|1|1	3|2|2|1	3|2|3|1	Organisatorische Durchführung
Dokumentation	2|2|3|1	2|2|3|1	2|2|3|1	3|2|3|1	Organisatorische Durchführung
Entscheidungskompetenz	2|1|3|1	2|2|3|1	2|2|3|1		Organisatorische Durchführung
Herstellen					Nicht-organisatorische Durchführung
Kauf/Miete			2|3|1|1		Nicht-organisatorische Durchführung
technische Installation			2|3|1|1		Nicht-organisatorische Durchführung
Wartung/Instandhaltung			2|3|1|1		Nicht-organisatorische Durchführung
Verfahrensumstellung	2|1|2|1	2|1|2|2	1|1|3|1	2|2|3|1	Nicht-organisatorische Durchführung
Einstellung neuer Mitarbeiter			1|2|3|1		Nicht-organisatorische Durchführung
Schulung, Einarbeitung		1|1|1|1	2|3|1|1	1|1|3|1	Nicht-organisatorische Durchführung
Man-Power	2|1|3|1	1|2|3|1	1|1|3|1	3|2|3|1	Laufender Betrieb
ADV-Kapazität			1|2|3|1		Laufender Betrieb
Geräte					Laufender Betrieb
Material				3|1|3|1	Laufender Betrieb
Arbeits-Motivation/-Zufriedenheit		2|1|3|2 −		1|1|3|1 −	Nebenwirkungen des lauf. Betriebes
Handlungsspielraum		2|1|3|2 −			Nebenwirkungen des lauf. Betriebes
wahrgenommene Kontrolle		3|2|3|1 +		2|1|3|1 +	Nebenwirkungen des lauf. Betriebes
Widerstand/Frustration		1|2|3|2 +		2|1|3|1 +	Nebenwirkungen des lauf. Betriebes
Datenschutz-Bewußtsein	2|2|3|1 +	2|1|2|1 +	1|2|3|1 +	3|2|3|1 +	Nebenwirkungen des lauf. Betriebes

Legende (Pfeile über dem Kästchen, von links nach rechts):
Wahrscheinlichkeit · Relevanz · Dauer · Einsetzen der Wirkung · Wirkungsrichtung

In jeder Merkmalsspalte bezeichnen die vier Zahlenfelder (getrennt durch senkrechte Striche) in dieser Reihenfolge: W = Wahrscheinlichkeit, R = Relevanz, D = Dauer, E = Einsetzen der Wirkung; die letzte Spalte (→) gibt die Wirkungsrichtung an.

4.4.2.(a) Auswertung protokollierter Eingaben					4.4.1./2.(b) Automatische Protokollierung u. Auswertung des Gerätezugangs					4.5. Operationsberechtigung					4.6.1. Auftrags-Transport- und Empfangsbefugnis					Merkmal	Bereich
W	R	D	E	→	W	R	D	E	→	W	R	D	E	→	W	R	D	E	→		
3	2	3	1		2	2	3	1		2	2	3	1		3	2	3	1		Spezialisierung	Organisatorische Durchführung
1	2	3	1												1	3	3	1		Rollenspezialisierung	
2	2	3	1		1	2	3	1		2	2	3	1		1	2	3	1		Umstrukturierung von Funktionskomplexen	
3	2	3	1		1	2	3	1		3	2	3	1		3	2	3	1		organisatorische Programmierung	
3	2	3	1		3	1	3	1		2	2	3	1		3	2	3	1		Dokumentation	
1	1	3	1							3	1	3	1		1	1	3	1		Entscheidungskompetenz	
					2	2	1	1		3	2	1	1							Herstellen	Nicht-organisatorische Durchführung
					2	2	3	1		2	3	3	1							Kauf/Miete	
					2	2	1	1		2	2	3	1							technische Installation	
					2	1	3	2		3	1	1	1							Wartung/Instandhaltung	
2	2	2	1		2	2	2	1		2	2	1	1		2	2	2	1		Verfahrensumstellung	
1	3	3	2																	Einstellung neuer Mitarbeiter	
2	1	1	1												2	2	1	1		Schulung, Einarbeitung	
3	2	3	1		1	1	3	1							1	1	3	1		Man-Power	Laufender Betrieb
3	2	3	1		3	2	3	1												ADV-Kapazität	
																				Geräte	
																				Material	
1	2	2	2	−						2	2	3	1	−	1	1	2	1	−	Arbeits-Motivation/-Zufriedenheit	Nebenwirkungen des lauf. Betriebes
1	2	3	1	−	1	1	3	1	−	2	2	2	1	−	2	1	3	1	−	Handlungsspielraum	
2	2	3	1	+	2	1	3	1	+	3	2	3	1	+	2	2	3	1	+	wahrgenommene Kontrolle	
					1	2	2	1	+	1	1	3	1	+	1	1	3	1	+	Widerstand/Frustration	
2	2	3	1	+	2	2	2	1	+	3	2	3	1	+	2	2	3	1	+	Datenschutz-Bewußtsein	

Legende (Spaltenköpfe je Maßnahmenblock): Wahrscheinlichkeit · Relevanz · Dauer · Einsetzen der Wirkung · Wirkungsrichtung

Maßnahme	4.6.2. Sonstige Anweisungen W	R	D	E	→	5.1. Gerätebezog. Maßn. des Geräte-Zugangs u. der -Identifikation W	R	D	E	→	5.2. Übertragungsweg und Zusatzeinrichtungen (technisch) W	R	D	E	→	6.1.1. Datenträger-Verwaltung (Identifikation, Bestandskontrolle) W	R	D	E	→	Bereich
Spezialisierung	1	2	3	1												3	3	3	1		Organisatorische Durchführung
Rollenspezialisierung	1	3	3	1												2	3	3	1		Organisatorische Durchführung
Umstrukturierung von Funktionskomplexen																2	2	3	1		Organisatorische Durchführung
organisatorische Programmierung	3	2	3	1		1	2	3	1							3	2	3	1		Organisatorische Durchführung
Dokumentation	3	2	3	1		3	1	3	1		1	1	3	1		3	3	3	1		Organisatorische Durchführung
Entscheidungskompetenz	2	1	3	1		2	2	3	1												Organisatorische Durchführung
Herstellen						1	2	3	1		1	2	3	1		1	3	1	1		Nicht-organisatorische Durchführung
Kauf/Miete						3	2	3	1		2	2	3	1		1	3	3	1		Nicht-organisatorische Durchführung
technische Installation						3	2	3	1		3	2	1	1		1	3	1	1		Nicht-organisatorische Durchführung
Wartung/Instandhaltung						3	2	3	1		3	2	3	1		1	3	3	1		Nicht-organisatorische Durchführung
Verfahrensumstellung	2	2	3	1		1	2	2	1							3	2	3	1		Nicht-organisatorische Durchführung
Einstellung neuer Mitarbeiter																1	3	3	1		Nicht-organisatorische Durchführung
Schulung, Einarbeitung						1	2	1	1							1	2	1	1		Nicht-organisatorische Durchführung
Man-Power	3	2	3	1		2	2	3	1							3	2	3	1		Laufender Betrieb
ADV-Kapazität						3	2	3	1		3	2	3	1							Laufender Betrieb
Geräte											3	3	3	1		2	1	3	1		Laufender Betrieb
Material																2	1	3	1		Laufender Betrieb
Arbeits-Motivation/-Zufriedenheit	2	2	2	1	−	1	2	3	1	−											Nebenwirkungen des lauf. Betriebes
Handlungsspielraum	2	2	3	1	−	2	2	3	1	−						3	2	3	1	−	Nebenwirkungen des lauf. Betriebes
wahrgenommene Kontrolle	3	2	3	1	+	3	2	3	1	+						3	2	3	1	+	Nebenwirkungen des lauf. Betriebes
Widerstand/Frustration	2	1	3	1	+	1	1	2	1	+											Nebenwirkungen des lauf. Betriebes
Datenschutz-Bewußtsein	2	2	3	1	+	3	2	3	1	+						2	2	3	1	+	Nebenwirkungen des lauf. Betriebes

Legende (für jede Spalte): Wahrscheinlichkeit | Relevanz | Dauer | Einsetzen der Wirkung | Wirkungsrichtung

	6.1.3. Auslagerung von Datenträgern					6.1.4. Entnahme von Datenträgern					6.2.1.(a) Versandvorschriften für Datenträgertransport					6.2.1.(b) Begleitpapiere des Datenträgertransports				
	Wahr.	Rel.	Dauer	Eins.	Wirk.	Wahr.	Rel.	Dauer	Eins.	Wirk.	Wahr.	Rel.	Dauer	Eins.	Wirk.	Wahr.	Rel.	Dauer	Eins.	Wirk.
Organisatorische Durchführung																				
Spezialisierung	3	2	3	1							3	2	2	1		2	2	3	1	
Rollenspezialisierung																				
Umstrukturierung von Funktionskomplexen	3	2	3	1		1	3	3	1		1	2	3	1		1	2	3	2	
Organisatorische Programmierung	3	2	3	1		3	2	3	1		3	2	3	1		3	2	3	1	
Dokumentation	3	2	3	1		3	2	3	1		3	2	3	1		3	2	3	1	
Entscheidungskompetenz						2	2	2	1		2	1	3	1						
Nicht-organisatorische Durchführung																				
Herstellen																				
Kauf/Miete	3	2	1	1		1	2	1	1											
technische Installation	1	3	1	1		1	2	1	1											
Wartung/Instandhaltung						1	1	3	2											
Verfahrensumstellung	2	3	3	1		2	2	2	1		2	2	1	1		2	2	2	1	
Einstellung neuer Mitarbeiter	1	3	3	1																
Schulung, Einarbeitung											1	1	1	1		1	1	3	1	
Laufender Betrieb																				
Man-Power	3	1	3	1		2	1	3	1		1	1	3	1		1	1	3	1	
ADV-Kapazität																				
Geräte	1	1	3	1																
Material	1	2	3	1																
Nebenwirkungen des lauf. Betriebes																				
Arbeits-Motivation/-Zufriedenheit																				
Handlungsspielraum						2	2	3	1	-										
wahrgenommene Kontrolle						2	2	3	1	+	2	1	3	1	+	1	1	3	1	+
Widerstand/Frustration											1	1	1	1	+					
Datenschutz-Bewußtsein	3	2	3	1	+	3	2	3	1	+	3	2	3	1	+	2	2	3	1	+

Legende (Spaltenköpfe je Bewertungsblock): Wahrscheinlichkeit | Relevanz | Dauer | Einsetzen der Wirkung | Wirkungsrichtung

	6.2.2.(a) Transportwege, -Medien und -Behälter	6.2.2.(b) Transporttermine	6.3. Datenträgervernichtung	7. Codierung und Verschlüsselung von Daten und Programmen	
Spezialisierung	2 | 2 | 1 | 1		2 | 3 | 3 | 1	2 | 2 | 3 | 1	Organisatorische Durchführung
Rollenspezialisierung					Organisatorische Durchführung
Umstrukturierung von Funktionskomplexen		2 | 2 | 2 | 1	1 | 2 | 3 | 1	2 | 2 | 3 | 1	Organisatorische Durchführung
organisatorische Programmierung	3 | 2 | 3 | 1	3 | 1 | 3 | 1	3 | 1 | 3 | 1	3 | 2 | 3 | 1	Organisatorische Durchführung
Dokumentation	3 | 1 | 3 | 1	3 | 1 | 3 | 1	3 | 1 | 3 | 1	3 | 2 | 3 | 1	Organisatorische Durchführung
Entscheidungskompetenz		2 | 1 | 3 | 1	2 | 1 | 3 | 1	1 | 2 | 3 | 1	Organisatorische Durchführung
Herstellen	1 | 3 | 1 | 1		3 | 2 | 2 | 1	3 | 2 | 3 | 1	Nicht-organisatorische Durchführung
Kauf/Miete	2 | 3 | 1 | 1		3 | 2 | 1 | 1	2 | 2 | 1 | 1	Nicht-organisatorische Durchführung
technische Installation	2 | 2 | 2 | 1		1 | 2 | 1 | 1		Nicht-organisatorische Durchführung
Wartung/Instandhaltung	1 | 2 | 3 | 2		1 | 3 | 1 | 1	2 | 3 | 3 | 1	Nicht-organisatorische Durchführung
Verfahrensumstellung	1 | 2 | 3 | 1		2 | 2 | 2 | 2	3 | 3 | 3 | 1	Nicht-organisatorische Durchführung
Einstellung neuer Mitarbeiter					Nicht-organisatorische Durchführung
Schulung, Einarbeitung				1 | 1 | 1 | 1	Nicht-organisatorische Durchführung
Man-Power	2 | 2 | 3 | 1		2 | 2 | 3 | 1	2 | 1 | 3 | 1	Laufender Betrieb
ADV-Kapazität	1 | 2 | 3 | 1		1 | 1 | 3 | 1	3 | 2 | 3 | 1	Laufender Betrieb
Geräte			1 | 2 | 3 | 1		Laufender Betrieb
Material	2 | 2 | 3 | 1		2 | 1 | 3 | 1		Laufender Betrieb
Arbeits-Motivation/-Zufriedenheit				1 | 1 | 3 | 2 +	Nebenwirkungen des lauf. Betriebes
Handlungsspielraum		2 | 2 | 3 | 1 −		3 | 1 | 3 | 1 −	Nebenwirkungen des lauf. Betriebes
wahrgenommene Kontrolle	2 | 2 | 3 | 1 +	2 | 2 | 3 | 1 +		2 | 1 | 3 | 1 +	Nebenwirkungen des lauf. Betriebes
Widerstand/Frustration					Nebenwirkungen des lauf. Betriebes
Datenschutz-Bewußtsein	2 | 2 | 3 | 1 +	1 | 2 | 2 | 1 +	2 | 1 | 3 | 1 +	2 | 2 | 3 | 1 +	Nebenwirkungen des lauf. Betriebes

Legende (oben rechts): Wahrscheinlichkeit · Relevanz · Dauer · Einsetzen der Wirkung · Wirkungsrichtung

	7.1. Schutz von Dateien					7.2. Schutz von Datenrestbeständen						
	Wahrsch.	Rel.	Dauer	Einsetzen	Richtung	Wahrsch.	Rel.	Dauer	Einsetzen	Richtung		
	2	2	3	1		2	2	3	1		Spezialisierung	Organisatorische Durchführung
											Rollenspezialisierung	
	2	2	3	1							Umstrukturierung von Funktionskomplexen	
	2	2	3	1		2	2	3	1		organisatorische Programmierung	
	3	2	3	1		2	2	3	1		Dokumentation	
	3	1	3	1							Entscheidungskompetenz	
	3	2	3	1		2	2	2	1		Herstellen	Nicht-organisatorische Durchführung
	2	2	1	1		2	3	2	1		Kauf/Miete	
	1	1	3	1							technische Installation	
	1	3	3	1		1	3	3	1		Wartung/Instandhaltung	
	3	2	2	1		2	2	1	1		Verfahrensumstellung	
											Einstellung neuer Mitarbeiter	
	1	1	2	1							Schulung, Einarbeitung	
											Man-Power	Laufender Betrieb
	3	2	3	1		3	2	3	1		ADV-Kapazität	
											Geräte	
											Material	
											Arbeits-Motivation/ -Zufriedenheit	Nebenwirkungen des lauf. Betriebs
	3	1	3	1	-						Handlungsspielraum	
	1	1	3	1	+						wahrgenommene Kontrolle	
	1	1	1	1	+						Widerstand/Frustration	
	2	2	3	1	+	1	1	3	1	+	Datenschutz-Bewußtsein	

4.3. Anmerkungen zu den Tabellen

1.1.1.
1.1.2.*   Daß eine derartige Wirkung eintritt, hängt von der
              Ausprägung der 'Stelle' ab. Möglich ist - bei be-
              triebsinterner Besetzung - auch die Kompensation
              freier Stellen.

1.1.2.**   Positive Wirkung ist anzunehmen, weil für verschie-
              dene Probleme ein Ansprechpartner geschaffen wird.

1.2.1.
1.2.2.*   Dies hängt von flankierenden Aufklärungs-Maßnahmen
              ab.

1.3.4.*   Der eigene Ermessensspielraum sollte auch bei stren-
              ger Belegflußkontrolle so weit wie möglich gefaßt
              werden; es sollte auch möglich bleiben, Ausnahmesi-
              tuationen selbst zu bewältigen.

1.4.1.*   Hier ist besonders auf die Möglichkeit zur Abstim-
              mung baulicher Maßnahmen (und räumlicher Veränderun-
              gen) und der Verfahrensumstellung anderer Maßnahmen
              hinzuweisen.

2.1.1.*   Umgruppierungen bzw. Neugliederungen ohne Berück-
              sichtigung der betroffenen Funktionsträger führen zu
              negativen Wirkungen

2.1.2.*   Gerade diese Maßnahme kann jedoch auch starke Ablehn-
              nung und gegenseitige Kontrolle bedingen und dadurch
              Wirkungen in negativer Richtung nach sich ziehen.

2.1.4.*   Unter der Voraussetzung, daß das jeweilige "Need-to-
              Know"-Prinzip in der Stellenbeschreibung dokumen-
              tiert wird.

2.1.4.**   In diesem Zusammenhang dürfte diese Maßnahme die
           Tendenz zu 'informalen' Kontakten verstärken.

2.3.(a)*   Eine negative Wirkung ist denkbar, da gewisse Be-
           dürfnisse nach "Neben-Informationen" nicht befrie-
           digt werden. Dies kann durch eine aktive und offene
           Informationspolitik aufgefangen werden.

2.4.1.   Die Kosteneinflußgröße wird in dieser Weise wirksam,
2.4.2.*   wenn die Notwendigkeit zur Umprogrammierung besteht.

2.4.2.**   Die Wirkung kann durch Zeit- bzw. Leistungsdruck
           entstehen.

3.2.3.*   Der Schwerpunkt der lfd. Kosten hängt davon ab, ob
           eine maschinelle und/oder manuelle Verwaltung durch-
           geführt wird.

3.3.1.   Besondere Finanzierungsformen können hier andere
3.3.2.*   Fristen nach sich ziehen.

3.3.1.   Sollten die Funktionen gänzlich neu geschaffen wer-
3.3.2.**   den, so ist mit Personalbedarf zu rechnen.

3.4.1.*   Diese Einrichtungen bedeuten eine grundsätzliche
           Einschränkung der Bewegungsfreiheit. Die Gestaltung
           verlangt dementsprechend die Berücksichtigung der
           "Transportbedingungen".

DATENSCHUTZ UND DATENSICHERUNG

zugleich „Der Datenschutzbeauftragte"

Wer mit dem Datenschutz befaßt ist, hat sicherlich bereits festgestellt, daß es nicht gerade einfach ist, die gesetzlichen Bestimmungen des Bundesdatenschutzgesetzes in die Datenverarbeitungs- und Datenschutzpraxis umzusetzen.

Die Antworten auf die vielen offenen Fragen müssen erst erarbeitet und ausdiskutiert werden. Dazu bedarf es nicht allein eines Informationsorgans, sondern auch eines Kommunikationsmediums. Die Zeitschrift DATENSCHUTZ UND DATENSICHERUNG ist beides — Informationsorgan und Kommunikationsmedium. Sie wird und soll von den Beteiligten nicht nur gelesen, sondern von ihnen auch durch eigene Beiträge getragen werden.

DATENSCHUTZ UND DATENSICHERUNG behandelt die praktische Auslegung der gesetzlichen Bestimmungen, die Maßnahmen zur Befolgung des BDSG und die damit verbundenen Einführungsprobleme in Kurzmitteilungen und bringt praxisnahe Originalbeiträge und Erfahrungsberichte. Ferner erscheinen Berichte aus dem öffentlichen Bereich, Veröffentlichungen neuer Rechtsvorschriften und die einschlägige Rechtsprechung. In Kurzrezensionen wird das Literaturangebot vorgestellt. Unter der Rubrik „Veranstaltungskalender" sind alle wichtigen datenschutzrechtlichen Tagungen und Seminare aufgelistet.

Ein weiteres Ziel der Zeitschrift ist es, dem Datenschutz zum richtigen Stellenwert in der Wirtschaft zu verhelfen; wo es notwendig ist, ihn durch Publizität aufzuwerten, ihn aber auch dort auf ein praktisches Maß zu beschränken, wo er über die ihm vom Gesetz zugedachte Rolle hinauszugeraten droht.

In die Zeitschrift ist das Informationsorgan DER DATENSCHUTZBEAUFTRAGTE integriert. In diesem Teil werden aktuelle und gesicherte Informationen, Hinweise, Ratschläge, Kurzmitteilungen, neue Rechtsvorschriften etc. veröffentlicht.

DATENSCHUTZ UND DATENSICHERUNG
erscheint 4 mal im Jahr mit einem Umfang von ca. 44 Seiten je Heft.

Fragen Sie Ihren Buchhändler nach einem Probeheft oder schreiben Sie an:
Verlag Vieweg · Postfach 5829 · 6200 Wiesbaden 1

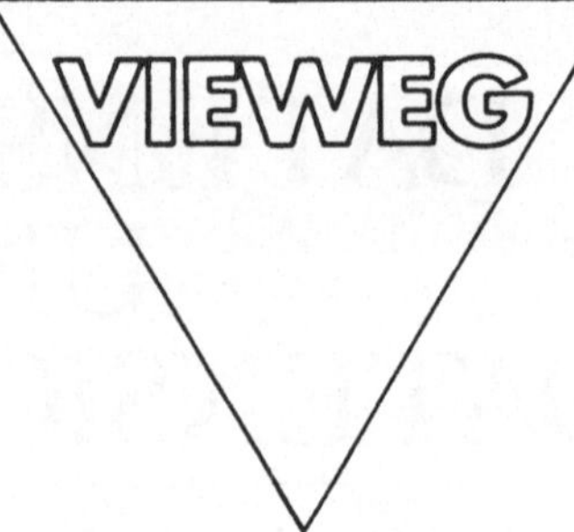

Aus der Reihe:
DuD Fachbeiträge

Band 1
Karl Rihaczek
Datenschutz und Kommunikationssysteme

Hrsg. vom Ausschuß für Wirtschaftliche Verwaltung in Wirtschaft und öffentlicher Hand e.V. 1981. IV, 141 S. DIN C 5. Kartoniert

Inhalt: Aufriß — Schichtenstrukturen — Kommunikationsstrukturen — Die Wechselwirkungen — Das Planungsdilemma — Vorschläge zum Vorgehen — Paketvermittelter Datex-Dienst — Die Bildschirmübertragung — Computerunterstützter Unterricht als Bildschirmtext — Verschlüsselung — Literaturverzeichnis.

Das Thema sind aktuelle und vorhersehbare Wechselwirkungen zwischen Datenschutz und öffentlichen Kommunikationssystemen in Bezug auf Datenschutzrecht, Systemplanung und internationale Harmonisierung. Es wird im Rahmen einer vom Bundesminister für Forschung und Technologie geförderten Untersuchung strukturiert und systematisch aufgerissen. Bei der Ableitung der Wechselwirkungen wird nach Gestaltung der technischen Einrichtungen und der Netze/Dienste sowie nach rechtlicher und politischer Gestaltung unterschieden. Als Arbeitshilfen werden ein Dienstleistungs-Schichtenmodell und eine Notation für problembezogene Kommunikationsstrukturen eingeführt. In Form von Beispielen werden behandelt: Paketvermittelter Datex-Dienst, Bildschirmtext-Übertragungsdienst, computerunterstützter Unterricht mit Bildschirmtext, Datenverschlüsselung.